# 啊哈C哈编程星球

## 一本书入门Python和C++

啊哈磊◎主编

啊哈小明◎编著

啊哈颖◎插图

U0299471

电子工业出版社·
Publishing House of Electronics Industry
北京·BEIJING

# 内容简介

欢迎来到"啊哈编程星球"。这本书是面向中小学生的编程入门书籍。在这里，你将使用循环结构解救被困的人工智能小女孩，使用条件判断躲避邪恶反派的陷阱，使用函数和递归逃离迷宫，还要学习各种逻辑和算法与数据黑客们并肩作战。

本书不但包含同名游戏化编程学习软件《啊哈编程星球》中所有关卡的思路讲解及通关代码，在每章结尾还有关于学习内容的总结。通过跌宕起伏的剧情、生动有趣的故事和风趣幽默的语言，你便能轻松入门Python和C++语言编程。

**图书在版编目（CIP）数据**

啊哈编程星球：一本书入门Python和C++ / 啊哈磊主编. —北京：电子工业出版社，2019.10
ISBN 978-7-121-37169-1

Ⅰ.①啊… Ⅱ.①啊… Ⅲ.①软件工具－程序设计 ②C++语言－程序设计 Ⅳ.①TP311.561②TP312.8

中国版本图书馆CIP数据核字（2019）第158439号

责任编辑：孙奇俏
印　　刷：天津千鹤文化传播有限公司
装　　订：天津千鹤文化传播有限公司
出版发行：电子工业出版社
　　　　　北京市海淀区万寿路173信箱　　　　邮编：100036
开　　本：880×1230　　1/24　　印张：14　　字数：262千字
版　　次：2019年10月第1版
印　　次：2024年9月第2次印刷
定　　价：89.00元

凡所购买电子工业出版社图书有缺损问题，请向购买书店调换。若书店售缺，请与本社发行部联系，联系及邮购电话：（010）88254888，88258888。

质量投诉请发邮件至zlts@phei.com.cn，盗版侵权举报请发邮件至dbqq@phei.com.cn。

本书咨询联系方式：010-51260888-819，faq@phei.com.cn。

# 推荐序

随着《新一代人工智能发展规划》的发布，发展人工智能已上升到国家战略层面。与之相应的人工智能普及基础——少儿编程教育，也逐渐成为当下最热门的话题之一。

发展少儿编程的关键在于激发孩子们对编程的兴趣。传统的编程书籍往往枯燥乏味，不容易做到这一点。而本书形式新颖、构思独特，以情节跌宕起伏的科幻故事为主线，结合一系列具有交互性的游戏关卡，将程序的基本结构、编程思维、计算机常识完全融入了进来。

啊哈编程提出"探险式教学法"理念：拒绝为了教学而教学，而是把知识融入孩子们感兴趣的故事和游戏中，通过一系列精心设置的情景、谜题和挑战，激发孩子们的探索兴趣，从而自主学习。兴趣是最好的老师，相信这种以科普故事和功能游戏为载体的新颖教学形式，能够帮助孩子们更好地入门。

书中提到，人们真正需要担心的，也许并不是在遥不可及的将来，超级人工智能出现并毁灭人类，而是在科学技术高速发展的今天，如果无法跟上时代的大潮，将可能面临被淘汰的命运。那么，想要让孩子们与时代接轨，零基础入门编程，不妨从这本书开始。

谭群钊

盛大集团前总裁、丰厚资本联合创始人、啊哈编程董事

# 前　言

如果学习新知识可以像打电子游戏一样就太棒了！这是我自小就有的一个梦想。

为什么不把要学的所有知识都融入电子游戏中呢？这样一定可以让很多人爱上学习。

为了让编程更简单、更好玩，让小朋友和大朋友们能够在游戏探险中由浅入深地学习编程逻辑并了解编程语言和算法，我们创造了《啊哈编程星球》这个游戏化编程学习软件，旨在通过跌宕起伏的剧情、生动有趣的故事和风趣幽默的语言，让大家轻松入门Python和C++语言编程。

Aha Planet上的故事是从一场离奇的事故开始的……

公元3017年，主人公啊哈沃德坐在计算机前第一次尝试进行"脑机连接"，这时他被吸入一个名为"Aha Planet"的数据世界。在数据世界里，啊哈沃德发现自己连走路都不会，一切都需要重新开始学习。

要想在数据世界里面来去自如，就需要掌握代码。数据世界中有独特的规则，在这里，他要使用循环结构解救被困的人工智能小女孩，使用条件判断躲避邪恶反派的陷阱，使用函数和递归逃离迷宫，还要学习各种逻辑和算法与数据黑客们并肩作战。在探索数据世界本源的过程中，啊哈沃德从编程"小白"逐渐成长为拯救世界的高级黑客，经历了一段传奇的冒险旅程。

好了，现在欢迎你加入去往Aha Planet的旅程……

啊哈磊

# 目 录

## 第 3 章　城市追逐 / 159

数据都市中布满了冗兵和陷阱。绝境之中，A.H.A. 黑衣特工坦普出手相救，传授给啊哈沃德新的技能："选择结构"。

## 第 4 章　源码之剑 / 240

啊哈沃德找到了被封印的神器——源码之剑。然而想要打败林克，还需要缜密的逻辑，以及永不放弃的决心。

## 尾　声 / 330

成功抓捕林克，拯救了 Aha Planet 之后，啊哈沃德被授予见习特工身份。然而，数据世界中还隐藏着很多未解之谜，等待着他去继续探索。

序 章
Aha Planet

## 01 英菲妮特

巨大的机械吊臂发出震耳欲聋的轰鸣声，把成堆的数据碎片聚拢在一起。一根吊索垂下，将它们打包吊起，投入一个铁灰色的巨大建筑物中。伴随着一阵令人牙酸的挤压声，这些数据碎片立刻化为一阵乱码，彻底消失不见了。

四周一片漆黑，仅有的光源来自广场上三座吊塔顶端的高压射灯。光束扫过之处，遍地都是黑、灰两色的数据碎片。它们曾经大有用处，如今却因为各种原因失去了作用，只能无助地躺在这里，等待着被销毁。

这里是Aha Planet上的被遗忘之地——数据废墟。

高压射灯的光束扫过，废墟之间出现了一个活动的身影。比起那些重复作业的机械吊臂，她的举手投足都显得更加灵动。而她粉白相间的衣衫和随风飘扬的紫色双马尾，更是给这片暗淡荒原增添了一抹靓丽的色彩。

英菲妮特也不记得自己从何而来。只是自从有意识以来，她就一直生活在这片废墟之中，寻找废弃的数据能量结晶供给日常消耗，躲避机械吊臂、高压射灯和巡逻哨兵的搜查。与生俱来的本能和逐渐积累的经验，让她在这片数据废墟中艰难地度过了一天又一天。

英菲妮特灵巧地俯身翻滚，躲过头顶扫过的高压射灯光束。同时顺手从地上拾起一个废弃的电子匣。她熟练地拆开匣子后盖，在手上轻磕两下，从中倒出一块浅蓝色的半透明数据能量结晶，然后露出满意的微笑。

这个数据能量结晶中的能量，又能供她活动一两天了。

她正准备吸收掉这个数据块。突然目光扫过，看到一只伏在地上的玩具小熊。英菲妮特好奇地拾起它，小熊身上破破烂烂，生气全无，显然已经被遗弃很久了。

英菲妮特稍一犹豫，然后把准备自己吸收掉的数据能量结晶塞进了小熊背后的插槽里。玩具小熊的身体里发出一阵"叽里咕噜"的零件运行声音，开始恢复了一些生机，它眼中闪烁起光芒，嘴巴开闭，发出预设在执行程序里的欢呼：

"啊，你是我最好的朋友！啊，你是我最好的朋友！"

略带口音的声音让英菲妮特脸上露出开心的笑容。在数据废墟中流浪了这么多年，她多么希望能够拥有一个好朋友啊。但在这程式化的数据世界中，只有坚硬的条框和冰冷的规则，任何感情都没有容身之所。就像这只玩具小熊，只是因为发音不标准，就被判定为不合格的次品，扔在数据废墟里腐烂发霉。

也许她可以带上这只小熊，让它成为自己的朋友……英菲妮特正沉浸在思考之中，本能的警告突然响起，如同针刺般传遍全身。她敏捷地翻身，躲过背后袭来的电击枪。然而不等她起身站稳，一只强壮的手臂就从背后伸来，将她粗暴地提起。

冗兵！英菲妮特看到两个蓝色的数据怪物，它们手中的电击枪迸发出危险的火花。一定是玩具小熊的叫声把它们吸引过来的，她心中后悔不已。

"报告总部，发现异常目标。代号：BB熊7102型。"冗兵通过某种远程通信设备向"总部"发送消息。

"就地销毁。"通信器另一头传来冰冷、毫无感情的声音，仿佛传达这类毁灭的命

令，是他日常工作中再普通不过的一环。

"指令收到！执行毁灭程序。"冗兵用同样冰冷的声音回答。

剧痛传来。英菲妮特的手指被一根根掰开。冗兵一把夺过她手中的玩具小熊，扔在地上，然后重重地踏上一脚。玩具小熊的身体顿时四分五裂，在化作一团乱码消失前，它的嘴里还在不断发出程序预设的欢呼：

"啊，你是我最好的……"

"不！"英菲妮特哭喊，双脚使劲踢在抓住她的冗兵身上。冗兵被踢得一个趔趄，发出不满的低吼声，扔下英菲妮特，举起手中的电击枪，向她刺去。

然而……愤怒的光芒从英菲妮特的眼中闪过。她集中精神，孤注一掷地释放了体内那股不明了的力量。奔涌的源码能量从她纤弱的身体中喷涌而出，化作一道耀眼的亮蓝色光束，洞穿了冗兵的身体。这只踩碎玩具小熊的罪魁祸首甚至来不及发出一声哀鸣，就化成了一团乱码，如同水蒸气一般消失在空中。

与此同时，英菲妮特的身体也因为能量过载，重重地摔倒在地上。

"报告总部，遭到新的异常目标抵抗。目标拥有强大的源码之力，213号哨兵已被击毁。目标代号……"同伴的毁灭并没有让另一个冗兵退却，它再次通过远程通信装置向"总部"发送消息。然而它却停顿了，片刻之后，才继续说道："数据库扫描无匹配，目标代号未知。"

"哦？真的吗？难道抓到了'她'？"通信器中冷酷的声音首次发生了改变。那是一种喜出望外的感觉，似乎这个未知目标是他关注已久的猎物。

"把她带到实验室来。她的力量将是我们统治Aha Planet的关键！"

"指令变更，撤销毁灭程序，执行捕捉程序。"冗兵回复，手中的电击枪迸发出危险的蓝色火花，向英菲妮特刺来。

"救命！"这是英菲妮特被击晕前，发出的最后声音。

## 02 啊哈沃德

3017年的一天，啊哈沃德放学回到家中，一把甩掉书包，整个人"摔"坐进松软的人体工程学座椅里。温控树脂随着体温自然变形，形成一个完美贴合身体的曲面。带有压力和红外感应的智能管家探测到主人归来，房间中立刻响起富有节奏感的*Spybreak*[1]。

啊哈沃德拧开一瓶冰镇可乐，泡沫一下子从瓶口喷出。他仰头猛灌了两口这种深褐色的液体，舒服地打了个嗝，然后拿起电脑桌上印着"CodeAha"标记的光脑全息成像装置。

这个由一顶白色方形头盔（光脑头盔）和一副黑色墨镜（全息眼镜）组成的看上去很酷的家伙，实际上是融合了量子科学、神经科学、人工智能和虚拟现实技术的高科技结晶。它能够通过发射短程高频率电波与佩戴者的脑波耦合，直接感应佩戴者的活动，再把行为反馈通过全息投影的形式展现在佩戴者的眼前。更厉害的是，所有光脑系统用户的意识，都会被传送到数据世界中一颗名为"Aha Planet"的星球，成为由人工智能组成的虚拟世界中的一分子。在那里，他们能够探险、寻宝、战斗，甚至建设属于自己的王国。得益于宏大的世界设定和超酷的操作体验，这个装置很快风靡全球，也让Aha Planet上一度人满为患。在连续3个月月考取得年级前十名的好成绩之后，啊哈沃德终于如愿以偿，拥有了这台属于自己的光脑全息成像装置。

佩戴好光脑头盔和全息眼镜，啊哈沃德眼前顿时出现了Aha Planet程序的加载画面。漆黑的幕布上浮现出一串倒计时的金色数字：10、9、8……每个数字起初都只有像素点大小，然后由远及近逐渐被放大，最后变成庞然巨物，从头顶呼啸而过，让人不禁想要缩

---

1 *Spybreak*：著名电影《黑客帝国》中的经典音乐。

身躲避。等到倒计时归零，漆黑的幕布轰然揭开，一个五彩缤纷的世界呈现在啊哈沃德的眼前。

靛蓝色和绛紫色相间的夜空中闪烁着繁星，与城市的灯火交相辉映。无数摩天大楼直冲天际，让人仿佛置身于金属的丛林。五彩的霓虹灯广告牌闪烁变幻，给漆黑的夜增添了许多色彩。街道纵横，车辆川流不息，仿佛巨大的动脉，为整座城市输送着新鲜的血液。遥远之处，工业区烟囱林立，灯火通明，人工智能控制的机械流水线正夜以继日地运作，永不停歇。

啊哈沃德吃惊得下巴都快掉到地上了，作为常年学校家里两点一线、每天除了教室就是卧房的"标准宅"，哪里见过这番奇特的光景。在震惊和激动之时，他脚下一个不稳，身体摇晃了几下。他这才意识到自己正踩在一台类似火箭喷射器的飞行装置上。他稳住身体，从高空俯瞰这里流光溢彩的盛景。与此同时，一个标准的人工智能提示音出现在他的耳畔："欢迎来到Aha Planet，请选择登录区域。"

在全息投影的视野中，几个选框浮现在啊哈沃德的眼前：高楼林立的住宅区、流光溢彩的商业街、川流不息的错流大桥、灯火通明的数据工厂。啊哈沃德切换选框，逐条浏览每个区域下方标注的难度。正当他选好登录区域准备降落时，突然，一个女孩的呼救声从远处传来：

"救命！"

声音相当迫切，似乎有人遇到了重大的危险。啊哈沃德心中一惊。他循声望去，远方竖立着一片巨大的铁灰色建筑群，冰冷、突兀、棱角分明，相比流光溢彩的城市，显得寂静荒凉。带着疑惑，啊哈沃德调整火箭飞行器的手柄，朝着呼救声传来的方向飞去。

"警告！即将离开安全区域，请立刻返航。"人工智能不带情感的提示音从光脑系统中传来。与此同时，全息眼镜里也闪烁起红色的警告框。

片刻之间，啊哈沃德陷入短暂的犹豫，考虑着是否第一次登录游戏就要以身犯险。但他很快说服了自己，正是因为前方的区域充满危险，求救的人才更加需要帮助。

"警告！接近源码区，距离1000米，请立刻返航。"

"警告！接近源码区，距离500米，请立刻返航。"

"警告！接近源码区，距离100米，请立刻返航。"

随着距离的接近，视线中的红色警告框闪烁得更加频繁。啊哈沃德索性不再理会。他努力在高速前进的火箭飞行器上保持稳定，然后拧了拧火箭飞行器的油门，再次加速。

"嘭"的一声巨响，他仿佛冲破了某道无形的屏障，进入全新的世界。城市不再喧嚣，风声不再呼啸。他仿佛孤身一人，徜徉在一片自由的天空。刚才让人不胜其烦的红色警告框也消失了，转而变成了一行淡蓝色的提示文字：

"已进入源码区。即将取消辅助工具使用权限，倒计时：3……"

"辅助工具？那是？"啊哈沃德一时间没有理解这句话是什么意思。只见视野中的倒计时数字从3变成2，变成1又变成了0。然后，伴随着"唰"的一声，啊哈沃德脚下的火箭飞行器突然化作一团淡蓝色的字母，消失不见。

失去飞行能力，从高空骤然下坠，啊哈沃德发出最后的声音："哎呀，这次玩大了……"

## 编程星系漫游指南
## 编程是什么

你知道编程是什么吗？

你可以不急着回答这个问题。想想我们的身边，有哪些被称为程序的东西呢？这个想必大家再熟悉不过了。打开电脑或者智能手机，里面几乎所有改变我们生活的东西，都是通过程序实现的。

当我们需要查找某个不认识的单词时，我们不用翻阅厚厚的词典，打开搜索引擎，一秒钟就能得到结果。当我们上街买东西时，不用揣着满口袋的纸币和硬币，轻轻扫描二维码，就能完成付款。当我们要和相距千里的好友交谈时，不用飞鸽传书，打开即时通信软件，就能和他们你一言我一语地聊个热火朝天。

而编程，正是通过编写程序，让计算机帮助人类实现这些功能的。

在 Aha Planet 上，从流光溢彩的商业街区、川流不息的错流大桥，到漆黑荒凉的数据废墟、幽暗神秘的数据之涧，全部都是通过程序实现的哦！而在掌握了编程这项神奇的能力之后，你也能够成为程序的创造者，创造属于自己的世界哦！

想要拥有编程这项神奇的能力吗？赶紧打开电脑搜索"啊哈编程"，或在手机上下载"啊哈编程星球"App，进入 Aha Planet，跟着啊哈沃德的脚步，一起在数据世界中冒险吧！

# 第1章
## 源码实验室

## 01 迈开第一步

　　啊哈沃德从昏迷中醒来。他揉了揉眼睛，脑袋里只有三个问题——我在哪？我怎么在这儿？我要干什么？

　　他正身处一间陌生的房间中，正前方是紧闭的金属门，四周是铁灰色的墙壁。身旁高大的陈列柜中摆满五颜六色的奇怪烧瓶。这里似乎刚刚发生了什么意外，玻璃瓶和试剂洒落一地，无人打扫。

　　星光从头顶洒落，啊哈沃德抬头仰望，看见天花板上有一个人形的大洞。

　　"好吧，至少一个问题有答案了……"

　　随着晕眩感消失，啊哈沃德渐渐想起了事情的前因后果：他用光脑全息成像装置登录Aha Planet，听到了某人的呼救声，于是他驾着火箭飞行器前往这个被称为源码实验室的地方，但途中火箭飞行器突然莫名其妙地消失了，他从高空坠落，砸穿天花板掉落到了这里。

　　当务之急是寻找呼救声的来源。在通关过不少密室逃脱游戏之后，啊哈沃德对这类解谜场景的套路并不陌生。首先必然是把整个房间翻个底朝天，找到通关所需的任务物品，一把铲子，一把钥匙，还是一颗魔法宝石？管它呢，反正在合适的位置掏出任务物品，点击"使用"，就能够通关了。

　　带着满满的自信，啊哈沃德决定先捡起前方不远处地面上的一份文件模样的东西来瞅瞅。他想当然地抬起左脚，然后……不知何故，光脑全息成像装置并没有发挥作用，当他

Level 01 关卡地图

试图前进的时候，左脚并没有听从大脑指挥向前迈出。于是他身体前倾，重心不稳，"扑通"一声摔了个结实。

怎么回事？啊哈沃德一脸困惑。难道是光脑全息成像装置出现故障了？他使劲敲了敲全息眼镜，片刻后重启，他眼前的世界发生了改变：视野的左侧仍然是房间的场景，中间出现了一个带有不同按钮的技能栏，而右侧则是一片空白的文本输入框。

"酷！分屏视野！"

啊哈沃德感叹一声，钢铁侠[1]的既视感出现了。但他立刻意识到这个类比不太合适。人家钢铁侠上天入地，无所不能，而自己却像个木桩一样杵在这里，寸步难行。

系统提示：当前处于源码模式，需要编写代码（code）来运行程序。

一个深蓝色提示框出现在他的眼前。代码？那又是什么东西？啊哈沃德感到这个单词似曾相识，在他使用的光脑全息成像装置上，就印着"CodeAha"的商标名。难道这个所谓的代码，就是"源码模式"的通行证吗？

啊哈沃德关闭提示框，开始捣鼓视野右边的技能栏和输入框。他先尝试着在输入框中输入"前进"，回应他的是一段红色的错误提示。

啊哈沃德毫不气馁，双手在全息投影键盘上噼里啪啦地敲，瞬间又敲出一大排语句：

"我要前进！Go！Let me go！"

---

1  钢铁侠：漫威漫画中的超级英雄角色。

一段段红色的错误提示无情地出现在他的眼前，而他的身体还是一如既往地一动不动。这让啊哈沃德不由得有点沮丧。他转而在其他地方寻找线索。当他的手指无意间碰到技能栏中一个带有向前箭头符号的按钮时，右侧的输入框中同时出现了一行特殊的语句。

新技能：前进

Python代码：forward()

C++代码：forward(1);

技能效果：让啊哈沃德向前行走1格

forward是前进的意思，但它后面的括号代表着什么呢？啊哈沃德一时想不明白。他尝试着按下运行按钮，这次没有再出现可恶的红色错误提示，取而代之，他的身体仿佛得到指令一般，径直向前行走了1步。

啊哈沃德心中一喜。看来这个forward()就是刚才系统提示的"代码"了。难不成自己就在误打误撞之中破解了这个世界的重大机密？他又看了看地面上的文件，正躺在自己前方3步远的位置。话不多说，时不我待，他又在那个按钮上按动了几下，得到了抵达文件位置的完整代码。

Level 01完美通关代码：

Python：

```
forward()
forward()
forward()
```

C++：

```
#include <bits/stdc++.h>
using namespace std;
int main()
```

```
{
    forward(1);
    forward(1);
    forward(1);
    return 0;
}
```

按下运行按钮，啊哈沃德的身体立刻行动了起来。他连续向前行进了3步，抵达文件位置。他弯腰拾起文件。这是一份实验报告样式的文件，格式严谨，字迹工整，翻开封面，可以看到里面记载的内容。

样本I数据解析记录

样本编号：Special-I

采集日期：3017年9月21日

采集地点：数据废墟

采集方式：捕获

样本I外貌为人类女孩形象，拥有自我意识和强大的源码之力，但似乎不会主动攻击。作为"独立思考"型人工智能变种被捕获，移送源码实验室进行分析。

"奇怪的报告。"啊哈沃德挠了挠脑袋，自言自语道，"既来之则安之，四处转转，看还能找到什么东西吧。"

面前的金属门"咻溜"一声滑开，露出通往走廊的通道。一队身穿白色制服的工作人员沿着走廊快步跑过，不时发出急促的呼喊："核心区遭到入侵！快！紧急集合！"

入侵？说的是自己吗？啊哈沃德心想，自己闯进的房间怎么看也只是个破破烂烂的仓

库，和核心区扯不上半点关系吧。不过话虽如此，他还是躲进了一旁的陈列柜后方，避免惹上不必要的麻烦。

工作人员们从他藏身的陈列柜前匆匆跑过，看都没看他一眼。然而他们的脚步声刚刚消失在走廊的尽头，啊哈沃德就发现自己陷入了一个更大的麻烦中——被卡住了！

倒不是真正意义上的因为脑袋太大被卡在了什么地方，只是他藏身的陈列柜占据了房间的大部分位置，只留下一条狭窄的"L"字形通道。现在，他正按着代码框中的6行forward()一路前进，眼看就要撞墙了。

"forward()"

"向左forward()"

"forward(左)"

"等等！"

"停下！"

"呀！"

啊哈沃德在虚拟键盘上狂敲，最终还是没能躲开迎面而来的金属墙壁，"哐当"一声撞了上去。

他看着金属墙上悠悠浮起一行"hp-0"，又摸了摸自己被撞得发疼的脑袋，心中不胜懊恼。看来这个forward()代码并不是万能的啊。他又重新检查了一遍自己的屏幕右

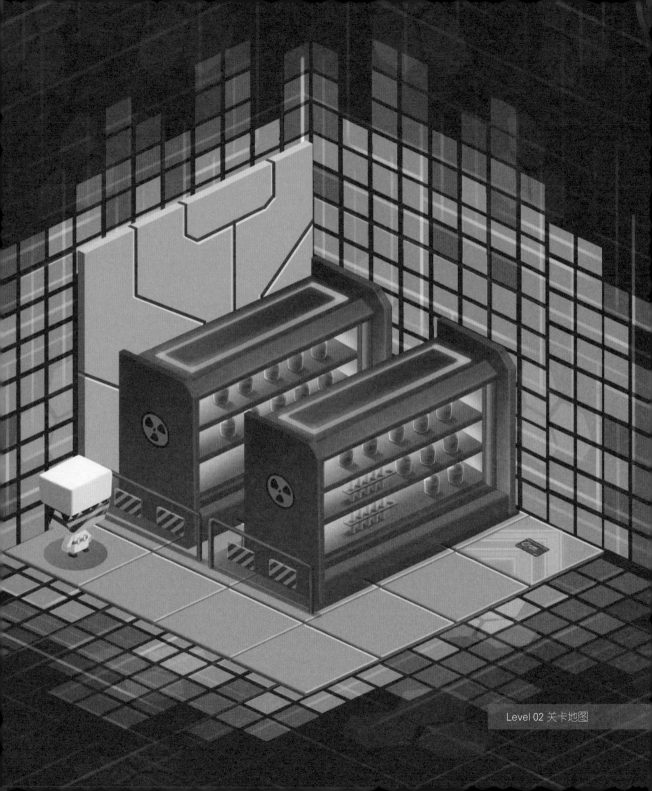

Level 02 关卡地图

边，在技能栏中，他发现了一个带有向左箭头符号的按钮。他按下这个按钮的时候，输入框中同时跳出了一行新的代码。

新技能：向左转

Python代码：left()

C++代码：left();

技能效果：让啊哈沃德向左转

啊哈沃德认识left是左边的意思，那么顾名思义，这条代码想必就是向左转的命令。啊哈沃德把这行代码插入刚才输入的6行前进代码的中间，得到了完整代码。

Level 02完美通关代码：

Python：

```python
forward()

forward()

forward()

left()

forward()

forward()

forward()
```

C++：

```cpp
#include <bits/stdc++.h>

using namespace std;

int main()

{
```

```
    forward(1);
    forward(1);
    forward(1);
    left();
    forward(1);
    forward(1);
    forward(1);
    return 0;
}
```

代码顺利运行起来了。果不其然，当啊哈沃德径直前进3步之后，身体自动向左转，没有撞上墙壁，而是沿着左侧通道方向继续前进了3步，到达了房间的另一端。

地上的一张卡片引起了啊哈沃德的注意。他拾起卡片，拿在手中打量。这似乎是一张开门用的IC卡，精致的蓝色卡片镶嵌着黑色磁条，上面印着工整的烫金文字"源码实验室，核心区通行证，密级：Top secret。"

源码实验室是这座巨大金属建筑物的名字，而核心区域就是刚才那群工作人员匆匆赶往的地方吧。这张卡片是他们匆匆跑过时掉下的吗？这座实验室中究竟隐藏着什么样的秘密？为什么里面又会传来求救的声音呢？带着这些疑问，啊哈沃德把卡片收入口袋，决定一探究竟。

啊哈沃德沿着工作人员走过的方向前进，很快来到了一间储藏室模样的房间。两台平放的圆柱形玻璃容器占据了房间右侧的大部分位置。容器中灌满了淡绿色的未知液体，而四周则拉起带有黄色危险标识的条幅。不知怎么，眼前的景象竟让啊哈沃德想起了《金刚

Level 03 关卡地图

狼》[1]中灌注艾德曼合金的培养槽。这里在制造什么超级人形兵器吗？啊哈沃德不禁打了个寒战，下意识地朝远离容器的方向挪了挪。

房间的出口在离自己6步远的地方。不同的是，这次是正前方向3步，向右方向3步。有了上次的教训，啊哈沃德再没有一股脑向前冲了。他先检查了一遍技能栏，发现了一个带有向右箭头符号的按钮。当他按动按钮的时候，输入框中同时出现了新的代码。

新技能：向右转

Python代码：right()

C++代码：right();

技能效果：让啊哈沃德向右转

这条代码和左转代码一样，只不过right是右边的意思，毫无疑问，它的意思一定是向右转了。啊哈沃德双手连敲键盘，迅速得到了穿过房间的通关代码。

Level 03完美通关代码：

Python：

```
forward()
forward()
forward()
right()
forward()
forward()
forward()
```

---

1 《金刚狼》：休·杰克曼主演的超级英雄电影。

C++:

```cpp
#include <bits/stdc++.h>
using namespace std;
int main()
{
    forward(1);
    forward(1);
    forward(1);
    right();
    forward(1);
    forward(1);
    forward(1);
    return 0;
}
```

　　顺利穿越房间，啊哈沃德觉得自己对这个源码世界里被称为"代码"的东西似乎有了一点理解。它们听起来也许很高深，但实际上却是有规律可循的。它们大部分由英文字母、数字和符号组成的，遵循着一定的格式规范，并且有明确的功能和意义。只要有一点必备的英语词汇储备和计算机操作基础，就能够学习和书写代码了。想到这里，啊哈沃德挺了挺胸脯，对Aha Planet的探险更加充满自信了。

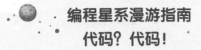

## 编程星系漫游指南
## 代码？代码！

你可能不知道代码是什么，但你一定从不少地方听说过这个词。在啊哈沃德用来进入 Aha Planet 的光脑全息成像装置上，就印着"CodeAha"。小声告诉你，这本书的封面上也有哦。

代码到底是什么？

回答这个问题之前，我们先来想象一个场景：你遇到了一个不懂中文的英国人，你想向他打个招呼。但如果你走上前说"你好"，有很大可能性，他只会不明所以地看着你，因为他听不懂你在说什么。但如果你对他说英语"Hello"，他就会知道你正在向他问好，并给你回应。

啊哈沃德遇到的困境也是一样的。他必须使用代码与计算机沟通。但无论输入中文还是英文，计算机都不会给出回应，因为计算机听不懂这些语言。只有当他输入正确的代码 forward() 之后，计算机才会知道他想要前进，并让他向前走动1步。

那么代码到底是什么呢？简单用一句话来说，代码就是计算机能够理解的语句。

编程是编写程序，让计算机帮人类做一些事情。而想让计算机帮我们做事情，就必须要让计算机理解我们的意思。因此，掌握代码是编程的基础。就像楼房是由砖块组成的一样，编程就是用被称为"代码"的砖块，来搭建数据世界的楼房——程序。

那么，该怎样书写代码呢？代码又有哪些规律和规则呢？让我们跟随啊哈沃德的脚步，在 Aha Planet 中继续探索吧！

## 02 迷之声

侧身翻滚，躲开四射的机枪子弹；腾空跃起，越过迎面而来的激光网；掏出双枪，对准房间内的敌人一通扫射，黑色风衣在身后沙沙作响。

啊哈沃德回想着《黑客帝国》里尼奥[1]帅气的身影，在心中暗暗做好面对敌人的准备。不过他也知道自己想多了，若真有敌人出现，凭自己只会左转、右转、向前进的身手，能打得过才怪。

这么想着，啊哈沃德不禁庆幸这里的工作人员都被引开了。他不断敲击着虚拟键盘，一步一个forward()地向前艰难移动。终于，他通过金属感应门，进入一间看上去像是监控室的房间。

房间墙壁上闪烁的监控屏幕首先吸引了啊哈沃德的注意。屏幕中，一名头戴墨镜、身着黑色风衣的特工正在和一群人对峙。那群人中为首的是一个衣着古怪、戴单片眼镜、留着八字胡的中年男子。他的身后，还有十来个身穿白色制服的工作人员，手持武器，虎视眈眈。

"林克，源码实验室的管理者，高阶人工智能。你被指控绑架、危害公共治安、从事非法实验……"黑衣特工宣布道。

"我告诉过你们人类很多次，不要插手人工智能的事情。Aha Planet是我们的地盘！" 不等他说完，名为林克的人工智能就打断了他。

---

1　尼奥：著名科幻电影《黑客帝国》的男主角。

"你的行为严重违反了人工智能行为准则，现根据高阶黑客管理局（A.H.A.）法令第一章第十二条予以逮捕，请放弃抵抗。"黑衣特工继续说。

"如果我说不呢？我伟大的计划就要成功了，它将给这颗星球带来翻天覆地的改变。我绝不会允许任何人阻止它。"林克不为所动，他手一挥，身后十几名工作人员集体举起武器，对准眼前的A.H.A.特工。

黑衣特工脸上没有露出惊讶的表情，反而淡淡一笑，似乎遭到抵抗是他意料之中的情况。他的身体突然加速，冲向距离最近的武装工作人员，一击打飞了他的武器，同时说："看来你们的罪名中要再加上一条了，攻击A.H.A.特工。"

"我的天，真的有007[1]！"这时的啊哈沃德已经扑在了监控屏幕前，眼中满是"崇拜的星星"。但他没有注意到，自己的身后升起了一道奇异的光芒。

"陌生人，请帮帮我。"一个女孩的声音在啊哈沃德身后响起。

啊哈沃德吓得差点跳了起来。刚刚进入房间的时候，没有注意到其他人的存在啊。是谁能够悄无声息地来到自己身后呢？他转过身，环视整个房间，做好了拔腿就跑的准备。

然而，整个房间中空无一人，只有各式奇奇怪怪的指示灯不断闪烁。房间的中央是一张泛着微光的正方形操作台，上方漂浮着一个淡蓝色的发光半透明方块，外表光滑、冰凉、晶莹剔透，像是一块精致的水晶，给人一种安心的感觉。它的内部有一团淡蓝色的火焰闪烁跳动，忽明忽灭。

"对，就是这里，在你面前。"小方块中淡蓝色的火焰跳动着，仿佛想要引起啊哈沃

---

1　007：在风靡全球的谍战系列电影《007》中，007是主人公詹姆斯·邦德的代号。

德的注意。

啊哈沃德逐渐认出了这个声音，和之前听到的求救声如出一辙。但是，发出求救信号的怎么不是人类，而是这个淡蓝色的小方块呢？

"咦？你是谁？你的声音怎么会从这里传出来？"他问道。

"你看到的是我的数据核心，或者说，是我的意识。"随着声音出现，小方块中的淡蓝色火焰再次跳跃起伏，仿佛说话时的气息，"我是Aha Planet中的人工智能，林克绑架了我的身体，从中抽取能量进行他的非法实验。在没有身体的情况下，我只能通过数据核心与你沟通。拜托了，请帮帮我，找到我的身体。"

人工智能、绑架、非法实验，这几个词让啊哈沃德心中一凛。他想起刚才在监控屏幕中看到的情景。难道眼前的这个人工智能，就是被源码实验室的管理者绑架的受害者吗？自己究竟在无意中卷入了什么样的事件……

"好的，我会帮助你。"啊哈沃德义不容辞地回答。

"谢谢你！"小方块中的声音说，"让我们先离开这里吧。路上我会给你解释这里的一切。"

啊哈沃德点头表示同意。他环顾房间中的摆设，出口在房间的另一头。想要抵达出口，他需要绕过面前的操作台。因此他必须要前进1步，然后左转，再前进2步，再次左转，最后前进3步，到达出口。

啊哈沃德双手敲击虚拟键盘，一步一个forward()，写出了到达出口的代码。

Level 04 关卡地图

Python：

```
forward()
left()
forward()
forward()
left()
forward()
forward()
forward()
```

C++：

```cpp
#include <bits/stdc++.h>
using namespace std;
int main()
{
    forward(1);
    left();
    forward(1);
    forward(1);
    left();
    forward(1);
    forward(1);
    forward(1);
    return 0;
}
```

看着代码区中让人眼花缭乱的一大串forward()，啊哈沃德不禁叹了口气。正要按下运行按钮，淡蓝色的小方块突然又发出声音。

"这样的代码太长了！不但写起来不方便，而且容易出错。" 小方块中的淡蓝色火焰跳动着，继续说，"让我教你修改数据的技能，在forward()代码的括号中填写数字，就能够一次移动多步，缩短代码行数，这将有助于你接下来的行动。"

说罢，淡蓝色的光束一闪，啊哈沃德仿佛听见技能栏中的forward()按钮"叮"一声升级了。啊哈沃德尝试着在括号中填入了一个数字2，再次运行，这次他的身体向前前进了2格。他心中赞叹着这个新能力带来的方便，立刻开始对刚才的代码进行修改。

Level 04完美通关代码：

Python：

```python
forward()
left()
forward(2)
left()
forward(3)
```

C++：

```cpp
#include <bits/stdc++.h>
using namespace std;
int main()
{
    forward(1);
    left();
    forward(2);
```

```
    left();
    forward(3);
    return 0;
}
```

果然，修改过后的代码不但行数缩短了3行，而且移动和转弯的关系看上去也更加清晰明了。带着满意的微笑，啊哈沃德按下运行按钮。他的身体首先前进1步，在传送带前的黄色条幅位置左转，然后前进2步，在实验台前的蓄电池前方再次左转，最后前进3步，终于顺利地抵达了房间的出口。

啊哈沃德穿过监控室，进入一间狭长的房间。其中摆放了8台巨大的计算机服务器，深蓝色的巨大金属盒上指示灯闪烁，背后的散热风扇呼呼地向外鼓着热风。墙上挂着一块LED[1]显示屏，上面写着一行文字：

源码实验室，核心数据库。

"请稍微等一下。"身后漂浮的淡蓝色小方块突然说。从刚才开始，它就一直漂浮在啊哈沃德的身后，让他觉得自己好像多了一条小尾巴。

啊哈沃德不解地停下脚步，他看见淡蓝色的小方块停留在一个服务器前。一阵微弱的电流声传来，小方块中的淡蓝色火焰随着服务器上的指示灯忽明忽灭。同时，啊哈沃德看到LED显示屏上快速滚动起蓝色的小字信息：

实验表明，样本 I 的反应和计算能力为高级 AI（人工智能）水平，并拥有强烈的自我认知和情绪反应。在针对其展开的图灵测试中，高达 90% 的测试者无法分辨。

---

1  LED：发光二极管，一种电致发光元件，在物理课中会学到。

Level 05 关卡地图

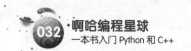

> 为进一步解析样本 I 的数据结构，需提取其数据核心进行分析。数据核心被提取后，样本机体进入宕机状态，转入秘密培养间保存。

"我找到我的身体了！它被放在离这不远的培养间里，我们需要通过这里。"小方块断开了与服务器的连接，飞回到啊哈沃德的身旁，它内部淡蓝色的火焰兴奋地跳动着。

那么接下来要做的就是穿越这间房间了，啊哈沃德看着房间中曲折的道路，不禁叹了口气。他挠了挠头，开始狂敲代码。

```
forward(2)
right()
forward(2)
```

啊哈沃德走着走着，就忘记了转弯，一头撞在墙上。再来一次，啊哈沃德咬了咬牙，又开始在虚拟键盘上运指如飞。

```
forward(2)
right()
forward(2)
right()
forward(2)
right()
```

这次他又弄错了转弯的方向，在一个本来应该左转的路口选择了右转。于是不出所料，又撞到了服务器。服务器晃了晃，发出一阵不满的"吭哧"声，仿佛在抱怨："我招你惹你了吗？"

"这也太复杂了。"啊哈沃德抱怨道，懊恼地把虚拟键盘推到一边。这条路线的代码长度已经超过了能够一眼看出的范围，要想不犯错误实在是有点困难。

"不要这样盲目地尝试，否则只会撞个鼻青脸肿。"小方块安慰道，淡蓝色的火焰柔和且温暖，"想要顺利地通过后面的挑战，你需要先了解程序的基本结构。"

"程序的基本结构？"啊哈沃德不解地问。

"最简单的程序结构叫作**顺序结构**，就是程序从上到下，一条条地执行每一行代码中的内容。"淡蓝色的小方块解释道。

"想要写出穿过这个房间的代码，我们可以先把前进的路线图画出来。然后按照这个路线，一步步把需要执行的动作转化成代码。"

啊哈沃德点点头。上学时老师就教过，做事情之前要理清思路，按照先后顺序进行。如果不讲顺序乱来一通，只会把事情弄得一团糟。

"这一次，我可以帮你画出路线图，但后面就要靠你自己了哦。"

说罢，小方块中蓝光一闪，啊哈沃德看到一连串箭头出现在自己的眼前。有了箭头，房间的路线变得明显了，他需要进行3次前进，2次转弯，转弯的方向分别是右、左。

有了路线图的指示，啊哈沃德觉得书写代码都变得简单起来，他重新拉回虚拟键盘，双手在上面连敲，很快就一气呵成地写出了完整的代码。

Level 05 路线解析图

Level 05完美通关代码：

Python：

```
forward(2)
right()
forward(2)
left()
forward(2)
```

C++：

```
#include <bits/stdc++.h>
using namespace std;
int main()
{
    forward(2);
    right();
    forward(2);
    left();
    forward(2);
    return 0;
}
```

接下来的道路似乎变得简单了一些。啊哈沃德来到了一条笔直的走廊前，走廊尽头是一扇金属门，门上红色的"OFF"字样显示门已被上锁。

"你有名字吗？"走在无人的走廊上，啊哈沃德忍不住对身后的淡蓝色的小方块发问。

"我的名字？我记得好像是……"淡蓝色的小方块停顿了一下，仿佛是在思考，"英菲妮特……对！我的名字是英菲妮特！但这个名字好长时间都没有用过了。以前在数据废墟的时候，我都是独自一人流浪，根本没人会叫我的名字。而在被抓到这里之后，他们也不会叫我的名字，而是直接将我叫作'样本1'。"

真是可怜的孩子，啊哈沃德心想。他难以想象独自一人在外流浪的情形，更别说被人抓到实验室中当作实验样本了。

正说着话，他们走进一间陈设复杂的实验室。实验桌上摆满了一排排的药剂和试管，而在房屋的正中间，平放着一张外科手术椅。

淡蓝色的小方块"嗖"地一声钻入啊哈沃德的怀里。它微微颤抖着，说话的声音中都带着恐惧，仿佛眼前的场景勾起了它可怕的回忆。

"啊，就是这里。他们曾在这里，对我的数据结构进行实验！"

啊哈沃德感到不寒而栗。这座实验室中究竟居住着怎样的坏人，而跟在自己身后的淡蓝色的小方块，又经历了怎样可怕的事情？他把淡蓝色的小方块护在怀中，警惕地扫视整个房间。他的目光，落在地面上的几个三角形能量块上。它们看起来和怀中的小方块散发着同样的淡蓝色光芒。

"那些是什么？"啊哈沃德问。

片刻之后，淡蓝色的小方块才从啊哈沃德的怀中钻了出来，它朝啊哈沃德所指的方向看去，声音之中的恐惧减弱了一些："啊，这些是我的数据碎片，帮我把它们收集起来吧，这能帮我恢复一些能力。"

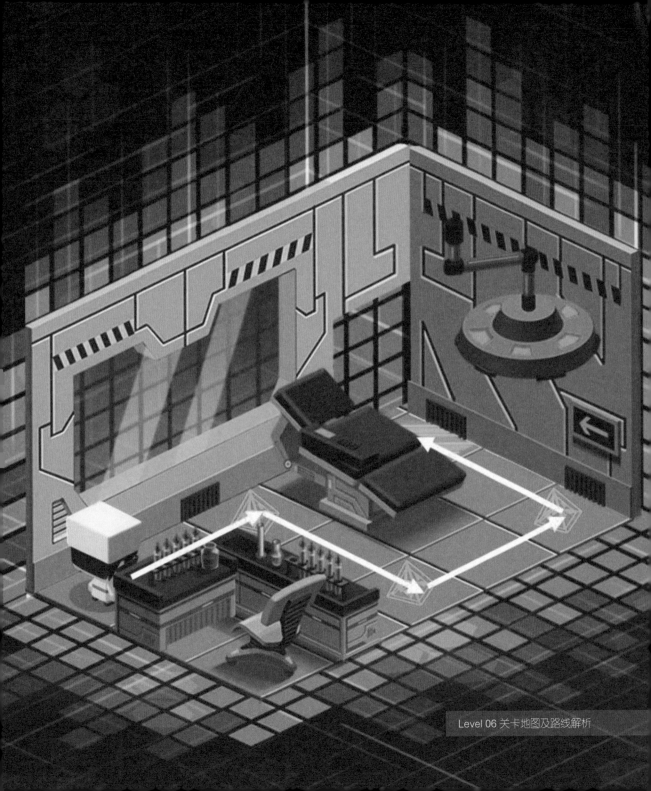

Level 06 关卡地图及路线解析

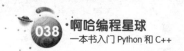

想到实验室的人随时可能回来，啊哈沃德不打算在此地久留。他立刻开始分析起实验室的路线。按照淡蓝色小方块刚才教给他的办法，他先画出了通过整个实验室的路线图。根据箭头的指示，他需要首先前进2步，收集第1块数据碎片；然后右转，前进2步，收集第2块数据碎片；接下来他需要左转，前进2步，收集第3块数据碎片；最后左转，前进2步，从实验室后门离开。

啊哈沃德突然发现，自己在分析路径的时候，不知不觉之间就用上了"首先""然后""接着""最后"这样的连接词。这些连接词把原本漫长而曲折的路线，拆分成了一小段一小段简单的路线，这样一来，编写代码的过程就变得简单多了。采用这样的方法，啊哈沃德很快写出了完整的代码。

Level 06完美通关代码：

Python：

```python
forward(2)
right()
forward(2)
left()
forward(2)
left()
forward(2)
```

C++：

```cpp
#include <bits/stdc++.h>
using namespace std;
int main()
{
```

```
    forward(2);
    right();
    forward(2);
    left();
    forward(2);
    left();
    forward(2);
    return 0;
}
```

啊哈沃德心情忐忑地按下了运行按钮。他的身体立刻开始行动，绕过各种障碍物，顺利地收集到了所有数据碎片。但此时此刻，啊哈沃德的心中却夹杂着喜悦和不安。Aha Planet中的问题开始变得越来越复杂，自己能够顺利通过后面的考验吗？

"不要担心。"淡蓝色的小方块安慰道，"你会遇到各种各样的挑战，正因为有了它们，你才能不断学习和成长。所以，让我们一起加油吧！"它依旧漂浮在啊哈沃德的身后，就像一条小尾巴。

# 编程星系漫游指南
# 顺序结构

跟随着啊哈沃德在 Aha Planet 中的脚步，我们已经完成了对程序的第一种结构——顺序结构的学习。也许你现在才听说这个陌生的名词，但悄悄地告诉你，从第 1 关开始，你就已经在不知不觉之中学习和使用这种结构了。怎么样，是不是很神奇。

那么，什么是顺序结构呢？

顺序结构，就是程序按照从上到下的顺序，逐行执行每一条代码的内容。

顺序结构在日常生活中无处不在。回想一下，我们早上从起床到上学的过程中，包含了哪些顺序结构的步骤呢？我们需要 1. 起床，2. 穿衣服，3. 洗脸刷牙，4. 吃早餐，5. 整理书包，6. 上学。这六步按照顺序依次执行，我们才会衣着整齐，元气满满地出现在教室里。如果缺少了其中的某些步骤，比如起床之后直接就去上学，那么蓬头垢面、忘带书包的形象肯定会被老师批评。而如果我们弄错了某些步骤的顺序，比如先吃早餐，然后再起床，那肯定也会把被子和床单弄得一团糟。

因此，顺序结构的关键，在于用正确的顺序来安排事情的步骤。而对于程序来说，就是把每一条代码放在合适的地方，不能漏掉步骤，也不能弄错顺序。

那么，怎样才能顺利地写出正确的顺序结构代码呢？

这就需要考验大家的逻辑思维能力了。设计程序之前，先找到所要解决的问题，对问题进行分析。设计出解决问题的方案和步骤（比如穿越迷宫的路线图），记得多使用"首先，然后，接着，最后……"这样的方式把较长的过程拆分为简单的步骤。最后一步，根据设计方案，把每一步的操作逐一转化为代码。

好啦！经历过上面的学习，大家是不是对程序的第一种结构——顺序结构，有了更深入的了解呢？想知道除了顺序结构外，程序还有哪些结构吗？那就跟着啊哈沃德的脚步，一起在 Aha Planet 中继续探险吧！

## 03 实验室的秘密

接下来的道路似乎变得简单了一些。实验室的后门连接着一条笔直的走廊，走廊的尽头竖着一扇厚厚的金属门，门上红色的"OFF"标识毫不留情地显示此路不通。

"这里应该就是通向实验室核心区域的通道了。"淡蓝色的小方块有一丝失望，"可惜这扇门被锁住了，只能另寻他路了。"

"等等，也许这个能够派上用场！"啊哈沃德想起了之前捡到的标有"源码实验室，核心区通行证"的IC卡。那是某个实验室工作人员无意落下的，在物归原主之前，也许可以"借用"一下。

他摸索口袋，翻出这张卡片，一个新的按钮出现在了代码区中。

新技能：按开关
Python代码：toggle()
C++代码：toggle();
技能效果：按下开关，启动或关闭一个机关

啊哈沃德认识单词toggle是"切换"的意思。那这条代码的意思想必就是将门锁的状态由"关"切换到"开"吧。既然有了开锁的能力，打开眼前的金属门就不在话下了。啊哈沃德很快写出了完整的代码。

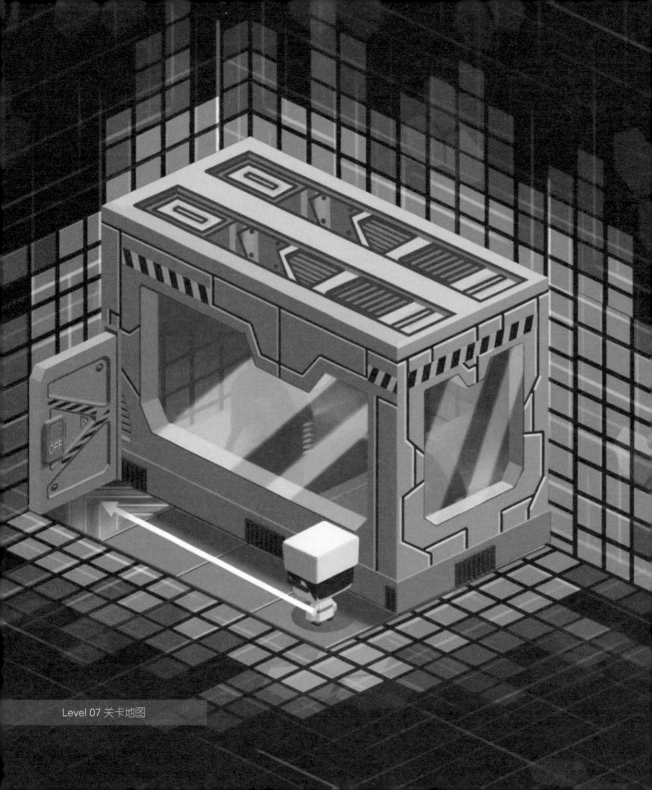

Level 07 关卡地图

Level 07完美通关代码：

Python：

```python
forward(3)
toggle()
```

C++：

```cpp
#include <bits/stdc++.h>
using namespace std;
int main()
{
    forward(3);
    toggle();
    return 0;
}
```

　　金属门顺利开启，露出了通往实验室深处的道路。啊哈沃德身边的墙壁上有一块电子显示屏，屏幕中显示着一个黑白相间的图形矩阵，似乎正是通往实验室核心区域的地图[1]。对照地图，啊哈沃德首先确定了自己当前所在的位置，然后开始规划继续前进的路线。

　　他的面前是一条更长的走廊，长度大概是刚才那条走廊的三倍。走廊上层层叠叠地竖立着三道金属门，其防护之严密，当真连一只苍蝇都飞不进去。一间普通的科学实验室不可能配备如此森严的防护措施，这里到底隐藏了怎样的秘密？

　　怀着满心的疑问，啊哈沃德决定深入实验室一探究竟。他看着眼前的走廊，在脑中规划着前进的路线。根据路线图，他需要前进3步，打开第一扇门，再前进3步，打开第二扇门，最后前进3步，打开第三扇门。根据思路可以很容易地写出代码。

---

Python：

```
forward(3)
toggle()
forward(3)
toggle()
forward(3)
toggle()
```

C++：

```cpp
#include <bits/stdc++.h>
using namespace std;
int main()
{
    forward(3);
    toggle();
    forward(3);
    toggle();
    forward(3);
    toggle();
    return 0;
}
```

确定代码无误，啊哈沃德准备按下运行按钮。但就在这时，淡蓝色小方块的声音在耳边响起，阻止了他。

"等等！这里还隐藏着其他防护措施！"

"什么？"啊哈沃德心中一惊，赶紧缩回了手指。

"看到走廊尽头的监视器了吗？它在计算通行者使用的代码行数。如果你使用的通关代码太过冗长，就会触发安全警报，引来林克和实验室的工作人员。"

啊哈沃德打量着现在的代码，也发现了其中不对劲的地方。这段代码中重复的部分太多了。每次通过一扇金属门的代码都是forward(3)和toggle()，那么要想通过整条走廊的金属门，就需要把同样代码重复执行3次，一下子占用了6行。

啊哈沃德把疑惑的目光投向小方块，小方块正闪烁着淡蓝色的火焰，似乎在吸收了刚才的数据碎片之后，变得更加精神了一些。

"要想不触发警报通过这里，你需要使用'循环'技能。"小方块中的淡蓝色火焰跳动着，"谢谢你帮助我收集数据碎片，我的能力恢复了一些。现在，我可以把这个技能添加到你的技能栏中。"

"循环？那是什么？"啊哈沃德不解地问。

"循环是在需要反复执行代码时使用的便捷操作。"小方块说，"看看你的代码区，我已经把循环的技能添加到技能栏了，跟着我的提示来操作吧。"

啊哈沃德检查技能栏，在那里果然出现了一个画着两个首尾相连箭头的按钮。他根据指示按下按钮，一行新的代码出现在了代码区中。

新技能：for循环

Python代码：for i in range():

C++代码：for (int i=1;i<=1;i++)

技能效果：重复执行代码，直到达到一定次数

　　"这是被称为'for循环'的代码。括号中的数字代表循环内容需要执行的次数。"小方块接着说，"我们想要让代码重复执行3次，因此需要在括号中填入3，这句话被称为循环条件。"

循环条件代码：

Python：

```
for i in range(3):
```

C++：

```
for (int i=1;i<=3;i++)

{


}
```

　　"光有循环条件还不行，一个完整的循环中还应该包括循环的内容。"小方块又说，"我们重复执行的动作是前进3步，然后开门，请写下这些代码作为循环内容吧。"

循环内容代码：

Python：

```
forward(3)
toggle()
```

C++:

```
forward(3);
toggle();
```

它顿了顿，又补充道："注意，为了告诉程序这些语句是循环内容，你需要把它们放在合适的位置。在Python下，循环内容应该位于循环条件的下一行，并且前面有4个空格或者1个tab的缩进。而在C++下，你需要把循环内容放在循环条件后面的大括号中。"

啊哈沃德依样照做，终于写出了完整的代码。

Level 08完美通关代码：

Python：

```
for i in range(3):
    forward(3)
    toggle()
```

C++：

```
#include <bits/stdc++.h>
using namespace std;
int main()
{
    for (int i=1;i<=3;i++)
    {
        forward(3);
        toggle;
    }
```

```
    return 0;
}
```

看着这短短的几行代码，啊哈沃德心中仍有些忐忑。它们能够让自己通过走廊，抵达目的地吗？带着不安的心情，他按下了运行按钮。他的身体先前进了3步，然后用IC卡打开了第一扇金属门。眼见着代码已经执行到了最后，程序却没有结束，反而跳转回了循环的起始位置。他又重复前进3步，打开了第二扇金属门，然后继续前进3步，打开了第三扇金属门。直到3次循环结束，程序才停止了运行，而这时啊哈沃德已经抵达了走廊的尽头。

通过层层阻隔的金属门，啊哈沃德进入一道幽暗的回廊。几面指示牌发出淡绿色的荧光，指示着前进的方向。回廊的中央有一条深不见底的通道，直通黑暗的地下。

"这里是？"啊哈沃德俯身向下张望，通道里一片漆黑，看不清通往何方。

"这条通道通往地下的培养间，是林克进行秘密实验，利用冗余数据合成数据怪物的地方。"身后的小方块回答，其中的淡蓝色火焰飘忽不定，"但是，我们必须到达那里，因为我的身体就被囚禁在培养间的深处。"

数据怪物？啊哈沃德不禁感到一阵胆寒。这座实验室中到底隐藏着多少不可告人的秘密？尽管如此，啊哈沃德还是决定不要半途而废，因为他已经答应帮助淡蓝色的小方块找到它的身体。他观察着眼前的道路，在脑中画出了前进的路线图。

根据线路图，他需要先前进3步，向右转，再前进3步，向右转，最后再前进3步，向右转，这样就能到达通往地下的扶梯了。啊哈沃德取出虚拟键盘，双手连敲，很快把脑中的思路转化成了代码。

Level 09 关卡地图

Level 09通关代码:

Python:

```
forward(3)

right()

forward(3)

right()

forward(3)

right()
```

C++:

```cpp
#include <bits/stdc++.h>

using namespace std;

int main()

{

    forward(3);

    right();

    forward(3);

    right();

    forward(3);

    right();

    return 0;

}
```

等等,啊哈沃德正要按下运行按钮,突然停了下来。这段代码中也有重复的部分。既然自己已经学习了循环技能,为何不在这里尝试一下,用它来简化代码呢?

说干就干，啊哈沃德一咬牙，狠心删掉了刚才用顺序结构辛辛苦苦写下的内容，转而改用循环结构开始书写。首先写下循环条件，也就是重复的次数。从路线图中不难看出，循环次数是3，因此循环条件代码应该如下。

Python：

```python
for i in range(3):
```

C++：

```cpp
for (int i=1;i<=3;i++)
{


}
```

接下来，需要写出每次循环中重复执行的内容。要想通过这条回廊，每次循环需要前进3步，然后向右转，因此循环内容代码应该如下。

Python：

```python
forward(3)
right()
```

C++：

```cpp
forward(3);
right();
```

最后，把循环内容放进循环条件后面适当的位置，这样就能够得到完整的循环结构代码了。

Level 09完美通关代码:

Python:

```python
for i in range(3):
    forward(3)
    right()
```

C++:

```cpp
#include <bits/stdc++.h>
using namespace std;
int main()
{
    for (int i=1;i<=3;i++)
    {
        forward(3);
        right();
    }
    return 0;
}
```

"真是太神奇了!"看到如此简单的代码却完成了与前面那么长的代码相同的功能,啊哈沃德发出由衷的称赞。

"是啊,循环是Aha Planet中最重要的技能之一。"小方块回答,其中淡蓝色的火焰得意地跳动着,"好好掌握它,这个技能将在后面的冒险中起到很大的作用呢!"

顺着扶梯向下,他们进入了一个幽暗的地下世界。啊哈沃德花了好一阵才适应地下的

黑暗。当小方块中的淡蓝色光芒照亮四周时，他不禁被眼前的景象吓了一跳。

昏暗的房间中，横七竖八地摆放着五个椭圆形培养槽。培养槽中盛满了那种未知的蓝绿色液体，液体里浸泡着一些形状扭曲、如同外星人般的奇怪生物。淡蓝色的数据流在培养槽四周流动，不时迸发出火花，引起其中的生物躯体一阵痉挛，让啊哈沃德不禁想到《科学怪人》[1]中的人造怪物。

"这里面都是些什么？"啊哈沃德问，声音中带着恐惧。

"这些就是'冗兵'，是林克利用冗余数据合成的怪物。"淡蓝色的小方块回答。一阵数据流通过，小方块中的淡蓝色火焰颤抖了两下，又变得虚弱了一些："林克正在抽取我身体里的数据能量，让这些怪物产生智能。如果我的感觉没错，前面就是我被囚禁的房间了。请帮帮我，释放出我的身体。"

非法实验、数据怪物，啊哈沃德又回想起在监控室里看到的画面。黑衣特工对林克和源码实验室的所有指控已经被一一证实。而他们现在，无疑也正处在极度的危险之中。如今的当务之急，就是尽快找到英菲妮特的身体，带着她离开。

啊哈沃德观察房间，很快从培养槽之间找到了离开的路线。根据这条路线，他需要前进8次，转8个弯才能到达房间的另一侧。如果按照顺序结构来书写代码，代码无疑会很长。有没有什么更简单的办法呢？

"对了，还使用循环！"啊哈沃德脑中灵光一闪，"既然循环可以让代码重复执行，那么只要找出路线图中重复的部分，写出其中一段的代码，不就可以通过整条路线了嘛！"

---

1　《科学怪人》：又名《弗兰肯斯坦》，英国作家玛丽·雪莱创作的长篇科幻小说。

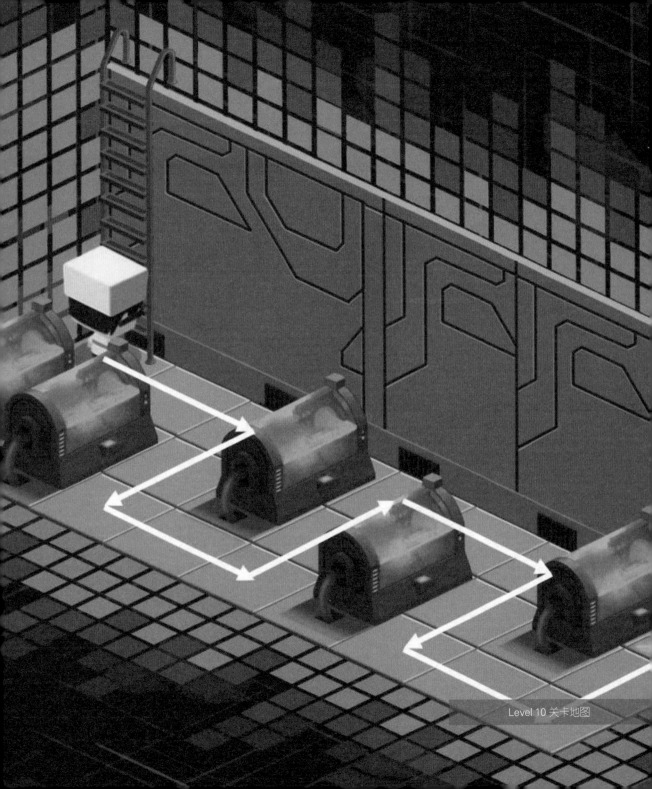

Level 10 关卡地图

Level 10 路线图中重复路线标示

　　这么想着，他开始重新观察路线图的结构。果然，他发现如果从中间把路线分开的话，所得到的前半段（白色箭头）和后半段（透明箭头）路线是一模一样的。既然这样，只需要写出其中一段的代码，通过循环来重复2次，就可以得到完整的代码了。这么想着，啊哈沃德拉出虚拟键盘，首先敲出了循环条件代码。

Python：

```
for i in range(2):
```

C++：

```
for (int i=1;i<=2;i++)
{


}
```

　　接着，啊哈沃德又运指如飞，敲出了循环内容代码。

Python：

```
right()
forward(2)
right()
forward(2)
left()
forward(2)
left()
forward(2)
```

C++:

```cpp
right();
forward(2);
right();
forward(2);
left();
forward(2);
left();
forward(2);
```

最后，把循环内容放进循环条件后面适当的位置，就能够得到完整的循环结构代码了。

Level 10完美通关代码[1]:

Python:

```python
for i in range(2):
    right()
    forward(2)
    right()
    forward(2)
    left()
    forward(2)
    left()
    forward(2)
```

---

1 这段代码并非通过本关的最短代码，还有没有更简单的通关方法呢？等学到后面就能知道啦！

C++:

```cpp
#include <bits/stdc++.h>
using namespace std;
int main()
{
    for (int i=1;i<=2;i++)
    {
        right();
        forward(2);
        right();
        forward(2);
        left();
        forward(2);
        left();
        forward(2);
    }
    return 0;
}
```

　　按下运行按钮，啊哈沃德的身体开始行动了。他先按照顺序执行的方式依次执行了单次循环内容中右转、前进2步、右转、前进2步、左转、前进2步、左转、前进2步的代码，走完了白色箭头标注的路线。待这部分执行完毕，程序又跳转回了循环开始的地方，重新执行了一遍上述代码，走完了透明箭头标注的路线。待程序运行结束，他已经站在培养间尽头的扶梯前了。

灯光从扶梯上方洒下，仿佛是刺破黑暗的黎明曙光。啊哈沃德抓住扶梯，迅速攀爬上去，他不愿在这阴森的地下培养间多停留哪怕一秒钟。但他们没有注意，身后的培养槽中，几只数据怪物突然睁开了眼睛⋯⋯

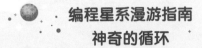

在熟练掌握了程序的第一种结构之后，我们随着啊哈沃德和英菲妮特一起，又迎来了 Aha Planet 中程序的第二种重要结构——循环结构。

什么？为什么要学习循环结构？难道学会顺序结构不够吗？

我们来看一个例子，在源码巨人的可乐工厂里，生产一瓶可乐的过程是这样的：先取过一个可乐瓶子，然后向里面灌装 550 mL 可乐，最后把瓶口封上。工厂每天要生产 1000 瓶可乐，源码巨人应该采用什么样的办法呢？

千万不要告诉我，你的答案是让源码巨人一瓶一瓶地灌装可乐。相信我，灌不到一小半，这位数据宇宙元老腰椎间盘突出的毛病就要犯了。不止如此，当他终于完成了任务，把可乐出售给"交汇点"百货公司的可乐经销商之后，第二天还要面对顾客无穷无尽的投诉信。

"我的可乐只有 300 mL！"

"我的可乐瓶盖没有拧紧！"

"为什么我的可乐瓶中装的是洗碗水？"

毕竟，谁能保证重复执行 1000 遍不出一点差错呢？

这样的烦恼，在源码巨人给可乐工厂配备了一条可乐灌装流水线之后，统统消失不见了。他发现，原来生产 1000 瓶可乐，只需要简单的几条命令就能搞定。

Python：

```python
for i in range(1000):              #循环条件：重复1000次
```

取可乐瓶子　　　　　　　　　　　#循环内容：灌1瓶可乐

灌装550mL可乐

封上瓶口

C++：

```cpp
#include <bits/stdc++.h>
using namespace std;
int main()
{
    for (int i=1;i<=1000;i++)        #循环条件：重复1000次
    {
            取可乐瓶子;               #循环内容：灌1瓶可乐
            灌装550mL可乐;
            封上瓶口;
    }
    return 0;
}
```

怎么样，现在知道为什么要学习循环结构了吧。

循环结构可以让计算机重复执行一些操作，不但可以简化编程过程，缩短代码长度，还能有效减少重复操作中可能出现的错误。

计算机擅长重复地执行命令。而我们需要做的，是告诉它们哪些命令需要重复执行。循环，正是做这个的。

## 04 拯救英菲妮特

蓝绿色的源码光束从林克的手中射出，黑衣特工被束缚在半空中。

眼前这名挑战者很强大，林克承认，甚至可以算作他遇见的人类中最强大的。但就凭这种程度，还远不足以挑战自己。在获得了"它"的力量之后，自己早已是源码世界中最强大的存在了。

林克双手握拳，加强了源码光束的能量。黑衣特工在半空中痛苦地挣扎，面容因为窒息而扭曲。再过一会，这个烦人的A.H.A.特工的源码能量就会耗尽，他会被消灭，他在数据世界中的信息会被永久抹除。

一名身穿白大褂的工作人员撞开门，匆匆跑了进来："报告主管，有人闯入培养间，正在接近样本I的储藏容器。"

"什么？"林克大吼，语气中的怒意让实验室的灯光都为之一暗。

"是一个人类男孩。不知为何，他掌握了循环的力量，借着这种力量闯过了层层防护门，进入了戒备森严的培养间。"

"哼，你的敌人还真是多啊！"黑衣特工发出一声嘲笑。趁着林克分神的功夫，他已经挣脱了束缚，向后退了两步。

"够了！一群废物，难道所有的事情都必须由我亲自出手吗？"林克愤怒的双眼中几乎要喷出火来，"关闭屏蔽门，放出数据怪物，必要时阻塞实验室的出口通道，不要让他

们逃出去。等我解决掉这个烦人的 A.H.A. 特工，再去收拾他们。"

啊哈沃德爬上扶梯。他本以为实验室的最深处会藏着更加可怕的东西，可是没想到这里既没有诡异的实验装置，也没有可怕的数据怪物。恰恰相反，这里的布置还蛮有生活气息的。房间一边的空调送出徐徐凉风，另一边的鱼缸里小鱼自在游泳。这些小鱼的身体中透出淡淡的绿色微光，不时跳出水面，溅起阵阵水花，格外具有活力。

"怎么实验室的核心区里还有鱼缸？"啊哈沃德嘟囔，"让员工上班'摸鱼'吗？"

"我们接近目标了，我已经能感觉到提取装置中溢出的源码能量了。"淡蓝色小方块的语气中充满了希望。

胜利就在前方！啊哈沃德的精神为之一振。他打量着眼前的房间，在脑海中规划着前进的路线。

这段路线中也有两段重复的部分，可以使用一个重复2次的循环来化简。啊哈沃德已经轻车熟路，很快敲出了循环条件代码。

Python：

```python
for i in range(2):
```

C++：

```cpp
for (int i=1;i<=2;i++)
{

}
```

EXIT

OFF

Level 11 关卡地图及路线解析

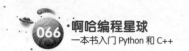
可是循环内容中的代码包括哪些呢？啊哈沃德犹豫了。从路线图中可以看出，重复的部分包括左转、前进1步、右转、前进1步。但在2次重复之后，还需要打开金属门才能进入下一间房间。这开门的代码是否应该放在循环内容中呢？

淡蓝色的小方块仿佛看出了啊哈沃德的犹豫。它轻轻地说："书写循环结构时，一定要注意循环内层和外层的关系。如果把开门的代码放在循环内容中，那么每次循环时都会进行开门操作。"

"哦！在这个房间中，我只需要在终点处开门1次就可以了，因此开门的代码应该写在循环内容以外！"啊哈沃德恍然大悟，很快写出了循环内容代码。

Python：

```
left()
forward(1)
right()
forward(1)
```

C++：

```
left();
forward(1);
right();
forward(1);
```

最后，把循环内容放进循环条件后面适当的位置，就能够得到完整的循环结构代码了。

完整的循环结构代码：

Python：

```python
for i in range(2):
    left()
    forward(1)
    right()
    forward(1)
```

C++：

```cpp
for (int i=1;i<=2;i++)
{
    left();
    forward(1);
    right();
    forward(1);
}
```

　　但这还没有结束，经过2次循环之后，还需要在最后执行开门代码。开门代码不需要重复2次，因此应该写在与循环结构相同的层级下，不能写在缩进和大括号中。

　　Level 11 完美通关代码：

Python：

```python
for i in range(2):
    left()
    forward(1)
    right()
    forward(1)
```

```
toggle()
```

C++：

```cpp
#include <bits/stdc++.h>
using namespace std;
int main()
{
    for (int i=1;i<=2;i++)
    {
        left();
        forward(1);
        right();
        forward(1);
    }
    toggle();
    return 0;
}
```

"想不到这看上去简单的关卡中竟然还暗藏着陷阱。"啊哈沃德不禁长叹了一口气。

"在书写循环结构代码的时候，我们一定要弄清楚哪些代码是需要重复的内容。"淡蓝色的小方块说，"把需要重复的内容写在循环内容中，而把不需要重复的内容写在循环内容外。只有理清了逻辑思路，才能够写出正确的代码。"

警报声突然响起，把鱼缸中的小鱼都吓得缩成一团。刺耳的警报声中夹杂着机械仓门开启的声音，然后一阵低沉的、令人头皮发麻的吼叫声传来。随着林克的命令下达，地下

培养间中的玻璃培养槽一个接一个地被打开，冗兵被释放出来了。

"糟糕！我们被发现了！"淡蓝色的小方块说，"快，我们必须赶在数据怪物到达之前离开。"

房间的金属门缓缓打开，露出了隐藏在源码实验室核心区域最深处的密室。首先映入眼帘的是一台高大的圆形玻璃容器，还有其中的……

"就是这里了，这个容器里面的就是我的身体。"淡蓝色的小方块说。

啊哈沃德原以为会看到和地下室里一样的怪物。但没想到，容器里关着的竟然是一个小女孩。粉色与白色相间的衣衫，紫色的双马尾辫子，还有一双活泼灵动、与人类几乎无差的大眼睛。容器旁边的电脑屏幕上显示着几行研究记录样式的文字：

样本Ⅰ源码能量与冗兵表现出良好相容性。将能量导入实验室地下的冗兵培养槽后，观察到培养槽内数据重组效率提高，结构组织呈现有序化趋势。这种能量也许能够成为对抗沉沦的关键……

"这就是你原来的样子吗？"啊哈沃德问，"和普通的人类没有什么区别嘛！我还以为……"

"以为我也是人工合成的怪物是吗？"淡蓝色的小方块不高兴地说。

"哪有，哪有……"啊哈沃德不好意思地挠了挠头，赶紧转移了话题，"那么，接下来应该怎么办，怎样才能把你从这个容器里面弄出来？"

Level 12 关卡地图

Level 12 循环结构路线解析图

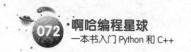

"容器被上锁了，你需要依次解锁周围的三处开关才能将它打开。然后把数据核心装载到我的身体中，我就能恢复意识了。"淡蓝色的小方块回答。

啊哈沃德环视房间，自己在玻璃容器的电脑前，而三处开关分布在容器周围的另外三个方向。这四部分恰好组成一个环绕房间的圆形。

身后的警报声和数据怪物的脚步声此起彼伏。啊哈沃德将身后的金属门使劲关上，把数据怪物们挡在了门的另一边。他的额头冒出汗珠，但还是强行让自己保持冷静，开始分析到达容器开关处的路线。

首先左转，前进1步，然后右转，前进一步，然后……

怪物的吼叫声传来，打断了啊哈沃德的思路。单从那些低沉且狂怒的吼声听来，就能猜出它们绝非善类。

"不！这条路线太长了，在这样的环境下我没办法冷静思考。"啊哈沃德抱怨道。

"不要着急。"也许是察觉到了啊哈沃德的紧张，淡蓝色的小方块再次开口，用鼓励的语气说，"你已经掌握了强大的循环技能，现在只需要熟练地运用它就可以了，而使用循环的窍门就是要找出重复的部分。例如在这个房间中，我们有三个开关需要解锁，那么解锁开关的操作就是路线中重复出现的部分。我们以这部分作为循环节点，建立重复3次的循环，每次循环完成其中一次操作。"

啊哈沃德恍然大悟："所以我们首先要写出循环条件。"他一边大声分析，一边在键盘上敲出了循环条件代码。

Python：

```
for i in range(3):
```

C++：

```
for (int i=1;i<=3;i++)
{


}
```

啊哈沃德接着分析："然后我们要写出循环内容代码。根据路线图，我们只需要写出从起点到解锁第一个开关的路线，而后面的过程都是一样的。解锁开关的步骤包括左转、前进1步、右转、前进1步、左转、前进1步、右转、前进1步、右转、解锁开关。"根据啊哈沃德的思路，循环内容代码应该如下。

Python：

```
left()
forward()
right()
forward()
left()
forward()
right()
forward()
right()
toggle()
```

C++：

```
left();
forward(1);
right();
forward(1);
left();
forward(1);
right();
forward(1);
right();
toggle();
```

　　"最后，我们要把循环内容代码加入循环条件后面适当的位置，这样就可以得到完整的循环结构代码了！"啊哈沃德大喊，努力让声音盖过数据怪物的吼叫声。与此同时，他双手狂敲键盘，写出了最终的代码。

　　Level 12完美通关代码[1]：

　　Python：

```
for i in range(3):
    left()
    forward()
    right()
    forward()
    left()
```

```
forward()

right()

forward()

right()

toggle()
```

C++:

```cpp
#include <bits/stdc++.h>
using namespace std;
int main()
{
    for (int i=1;i<=3;i++)
    {
        left();
        forward(1);
        right();
        forward(1);
        left();
        forward(1);
        right();
        forward(1);
        right();
        toggle();
    }
    return 0;
}
```

啊哈沃德按下了运行按钮。他首先走完白色箭头指示的路线，解锁了第一处开关，然后重复了两遍同样的过程，依次解锁了第二处和第三处开关。他来到玻璃容器的门前，一把接住从中间跌出的英菲妮特的身体。

"成功了！"啊哈沃德把英菲妮特的身体缓缓放在地面。淡蓝色的光芒一闪，小方块开始与英菲妮特的身体融合。门外的数据怪物已经来不及阻止他们了，出口就在不远处，只要带着英菲妮特逃出源码实验室，就能回到数据都市中了。

然而就在这时，实验室的灯闪烁了两下，突然熄灭了。地面颤抖，剧烈摇晃。地板塌陷，墙壁向内压缩，金属支架在巨大的外力下扭曲变形，发出令人头皮发麻的"吱呀"声。

"这里发生了什么？"啊哈沃德惊慌地问，同时拉起英菲妮特，踉跄地奔跑。走廊已是漆黑一片，只有印着Exit的应急指示牌发出幽绿色的荧光，如同鬼火。

"是林克！他想要断开实验室与数据世界的连接，好阻止我们逃出去。"英菲妮特说。她剧烈地喘，声音低到几乎听不见。她的数据融合刚刚完成，光是这样快速的奔跑已经让她不堪重负。突然，她被脚下的一根电线绊了一下，失去平衡，摔倒在地。

尘土和碎石从天花板上簌簌落下，啊哈沃德侧身，为英菲妮特挡住坠落的石块，然后伸手将她拉起。他留意到她的膝盖在地面上磨破了，淡蓝色源码正从伤口处涓涓流出。她受伤了吗？

"坚持住，出口就在前方，我们马上就能离开这里了。"啊哈沃德扶起虚弱的英菲妮特，努力安慰道。

"不！你们哪里都去不了！"走廊中回响起一个冷酷的声音。

啊哈沃德心中一惊。他们明明已经把那些丑陋的数据怪物关在隔离门后面了，那这个声音又来自哪里？

"你是谁？"啊哈沃德大声问。

"我是林克，这座实验室的主人，Aha Planet上最强大的人工智能。"那个声音回答，"你这只狡猾的老鼠，溜进我的实验室，还想偷走我的实验样本。"

啊哈沃德看向英菲妮特。这个弱小的女孩正在瑟瑟发抖，仿佛仅仅听到林克的声音，都会发自内心地感到恐惧。

一股怒气突然涌上啊哈沃德的心头："不，没人是你的实验样本，我要带走她，远离你这座怪物实验室！"

"你哪里都别想去。"林克的声音响起，"我会抓住她，连你也一起。那时候我倒要看一看，人类的大脑结构和人工智能有什么不同！"

冷酷的声音，和话语中更加冷酷的恶意，让啊哈沃德不禁打了个寒战。出口就在距离眼前不到10步的地方，但此时此刻，这么一段近在咫尺的距离，却显得如此遥远。他咬了咬牙，努力让自己打起精神，在虚拟键盘中不断敲着前进的代码。

还剩5步……3步……1步！

房间在颤抖，地面在下沉，林克的声音在耳边回响，尘土和碎石在身边纷纷坠落。啊哈沃德统统置之不理，只顾带着英菲妮特前进。终于，他们来到实验室的出口。啊哈沃德用力撞开大门，带着英菲妮特一跃而出……

逃离实验室

## 编程星系漫游指南
## 编程的逻辑思维

思考一个问题：学习编程的时候，我们到底在学习什么？

有的同学毫不犹豫地回答"写代码"。这个答案不算错，却也不全对。因为虽然如前面所述，代码是数据世界中建造程序楼房的砖块，但是要建造一座高楼大厦，绝不只是把砖块垒起来那么简单。否则，编程就会变成和搬砖一样的体力劳动，而程序员也不会和金融数学家一样，成为目前最高薪的职业之一。

学习编程最重要的，是学习解决问题的思维过程。

回想一下我们用积木搭建房屋的过程。首先，我们要在头脑中想好搭建一座怎样的房子，是高大的楼房、宽敞的大院，还是精致的别墅呢？然后，我们要设计怎么去搭建它，房子有哪些部分，需要什么样的积木，分别放在什么地方……这个步骤才是最复杂的，当我准备 A.H.A 总部的模型时，设计图画了一整页草稿纸。而前面这些过程完成之后，最后的步骤才是垒砖块——按照刚才的设计，一步步用积木把房子搭建起来。

这样一套从找到问题，分析问题，到最终解决问题的思维过程，可以用一个"高端大气上档次"的名词来概括——逻辑思维。

编程是一门问题导向学科。编程的目的是让计算机帮我们做事情，解决问题。在后面的学习过程中，我们会跟着啊哈沃德在 Aha Planet 中四处冒险，会听啊哈磊老师讲解NOIP[1]竞赛题，甚至还有机会自己设计一些小游戏。我们遇到的问题会越来越多，也会越来越复杂。但不论我们遇到怎样的问题，请牢记这样的步骤：找到问题，分析问题，解决问题。这样的逻辑思维过程，将是我们解决一切难题的最终法宝。

---

1　NOIP：National Olympiad in Informatics in Provinces，全国青少年信息学奥林匹克联赛。

第 2 章
数据之涧

数据之涧

# 01 bug 虫群

啊哈沃德闭上眼睛，浑身紧绷，做好与地面亲密接触的准备。

但摔倒的疼痛迟迟没有传来，他仿佛跳进了一潭湖水，慢慢下沉，直到沉入湖底。一种时空错乱的感觉流遍全身，虽然只有短短一秒，啊哈沃德却感觉经过了一个世纪。

当他再次睁开眼睛时，实验室的墙壁和大门统统不见了，连带消失的还有地面的草木和天空的繁星。四周一片混沌。在这无尽的黑暗里，一座座深蓝色的岛屿悬空漂浮，岛屿之间是深不见底的鸿沟。地面没有泥土和砂石，而是铺满某种不明材料的方块。天空中也漂浮着这种方块的碎片。发光的数据流在碎片之间奔涌，不时迸发出刺眼的蓝色火花，宛如夜空中的闪电，发出阵阵轰鸣。

"这是哪儿？我们还在Aha Planet吗？为什么整个世界都不一样了？"看着眼前的奇景，啊哈沃德忍不住问道。

英菲妮特凝视远方的天空，片刻之后，又收回目光，俯身触摸脚下的地面。她脸上的愁云不断聚集："不好，我们可能掉进数据之涧了。"

"数据之涧？"啊哈沃德问。

"Aha Planet的主世界是由程序和代码组成的，各种功能的程序模块构建起街道、楼房、公路、桥梁等形形色色的建筑，它们通过数据通道相互连接，组成完整的数据都市。"英菲妮特解释道。

"源码实验室也是主世界中的一个模块，通过数据通道的连接存在于数据都市中。但就在刚才，林克为了防止我们逃走，强行断开了实验室与数据都市之间的连接。我们逃出了源码实验室，却没能进入数据都市，而是掉进了不属于任何程序模块的夹缝中。这里就是Aha Planet中最混乱和无序的地方——数据之涧。"

"也就是说，如果把数据城市比作岸，把源码实验室比作船的话，原本船停靠在岸边，就在我们准备从船上跳到岸上的时候，林克把船驶离了岸边，因此我们掉进了水里？"啊哈沃德说。

英菲妮特点了点头。

"不过，这里看上去还不赖嘛。"啊哈沃德倒是个乐天派，他不住地四处打量，还从空中抓过一块代码块在手里抛着玩，"虽然没有数据都市那么热闹，也比被林克手下的数据怪物抓回实验室好吧。"

"不，数据之涧是Aha Planet中最混乱和无序的地方，这里有……"

英菲妮特话还没说完，啊哈沃德手里把玩着的代码块突然碎裂，几只红色甲虫从中蹦出，朝啊哈沃德的脸上扑来。

"啊！"啊哈沃德吓了一跳，连忙挥手赶开这些甲虫。他一边心有余悸地擦着刚才摸过代码块的手，一边向英菲妮特问："真恶心，这些是什么？"

英菲妮特脸色突然大变，神情变得惊慌起来："那些甲虫是bug。它们靠啃食代码、吞噬数据能量为生，在数据之涧中以类似食人蚁的状态存在。我们刚才好像惊动了它们。"

"什么东西？"啊哈沃德还想细问个究竟。

一阵奇怪的声音传来。啊哈沃德寻声望去，只见刚才那几只甲虫逃走的方向，地面上隐约涌起一片红色的潮水。红色潮水由远及近，啊哈沃德定睛一看，这哪是什么潮水，分明是一大群红色甲虫，密密麻麻地覆盖了整个地面，如饥似渴地向两人涌了过来。

"我的妈！怎……怎么这么多？赶紧跑啊！"啊哈沃德吓得说话都结巴了。他一把拽起英菲妮特，头也不回地拼命跑了起来。

"bug是Aha Planet中的常见生物，主要生长在那些错误的程序和代码中。相比数据都市，数据之涧是各种临时文件、冗余数据和错误代码的聚集之地，因此bug就特别多。小心！"

啊哈沃德刚迈出一只脚，脚下的代码块就像年久失修的木地板一般，"咯吱"一声突然碎裂开来，让他差点摔倒，好在英菲妮特及时伸手拉住了他。

"数据之涧的bug蛀蚀了这里的代码块，破坏了程序的稳定性，让程序充满漏洞。这里可能会发生许多意料之外的事情。"英菲妮特说。

啊哈沃德看着脚下深不见底的虚空，又回头看了一眼逐渐逼近的bug虫群，脑门上冒出汗来。

"那现在怎么办？前面没有路，那些甲虫快追上来了。"他焦急地问。

"从这边走，也许河水可以挡住它们。"英菲妮特说。

啊哈沃德顺着她手指的方向看去，眼前是一条数据河，淡蓝色的数据流在河谷中流

Level 13 关卡地图

淌，如瀑布般倾泻下无尽的深渊。河面上倒是有一座浮桥，却没有连通河的两岸，而是断成了三截漂浮在河面上。浮桥的断面上，闪烁着若隐若现的光柱。

"从这走？"啊哈沃德问，"这桥都断了，没法走啊！诶，等等……"

说话之间，英菲妮特已经走上了眼前的半截浮桥，她试探性地走进光柱之中，然后……她的身体凭空消失了。

啊哈沃德的脑袋彻底大了。他看向浮桥两边深不见底的虚空和奔涌而下的数据流。英菲妮特到哪儿去了？难道跌进了桥下的数据流？

"嘿，我在这里！"远处传来英菲妮特的声音。啊哈沃德寻声望去，身穿粉白相间衣衫的小女孩正站在第二段浮桥上，朝着自己不断挥手。

"咦？你怎么会出现在那边？"啊哈沃德朝着英菲妮特大喊。

"我知道这里的秘密了。这是数据之涧中一个典型的错误程序。程序本来的目的是在河流上搭建一座桥梁，却因为代码错误让整座桥分成了三段。尽管这样，断桥的尽头还是通过数据传送节点连接在一起，走进一个光柱，就会被传送到远处对应颜色光柱的位置。"她指向第二段浮桥另一端的浅绿色光柱说，"走进这个光柱，就能够被传送到最后一段浮桥了。"

"你先别动，等我过来。"啊哈沃德心有余悸。他一边大声回答，一边拉出虚拟键盘敲代码。在分析了几段浮桥之间的连通关系之后，他发现用循环能够更快地通过这里。

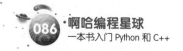

Level 13完美通关代码：

Python：

```python
for i in range (3):
    forward(2)
    right()
```

C++：

```cpp
#include <bits/stdc++.h>
using namespace std;
int main()
{
    for (int i = 1; i <= 3; i++)
    {
        forward(2);
        right();
    }
    return 0;
}
```

数据传送节点的光柱发出耀眼的光芒，把啊哈沃德和英菲妮特传送到了数据河的另一端。啊哈沃德回头看了一眼身后的红色甲虫群，心中默默祈祷数据河会挡住它们的脚步。

甲虫群在数据河岸边徘徊了一阵，很快也发现了河面上的浮桥。它们密密麻麻地爬了上去，就像给浮桥涂上了一层红色颜料。然后伴随着一阵"咯吱咯吱"的声音，整座浮桥就像被白蚁蛀蚀的朽木一般坍塌了下去。

"这太可怕了。"英菲妮特捂着嘴说，"我早就听说过bug是数据世界中一切物质的天敌，但没想到它们连数据桥梁都能啃断。"

"这样也好，桥梁塌了之后，这些甲虫就过不到河对岸了吧？"啊哈沃德说。

他的话没说完，只见河对岸发生了一阵骚动，那些啃食桥梁的甲虫吸收了桥梁的数据能量，开始变异，它们背后的甲壳裂开，一对薄膜状的翅膀从中伸了出来。

"不是吧，还能飞？"啊哈沃德脸上的表情僵住了。

伴随着一阵嗡嗡声，红色潮水般的甲虫群飞上空中，形成一团红色的云雾，越过数据河朝两人飞了过来。

"快跑啊！"啊哈沃德回过神来，拉起英菲妮特继续奔跑起来。

前方似乎是一条公路，却被意外地分成了好几段。啊哈沃德看见终点的数据传送节点光柱就在公路的另一侧，但公路却被一个障碍物给挡住了。在每段断开的公路两端，同样投射着几道淡蓝色和浅绿色的光柱。

"这段公路和刚才的桥梁一定是同一个人设计的！"啊哈沃德不禁"吐槽"，"这错误也太明显了。"

"是啊，设计者一定是先不小心把公路分成了好几段，为了让程序能够运行，又不得不在各段之间加入数据传送节点。"英菲妮特回答，"不过，既然你已经能够通过刚才那座浮桥，想必通过这条公路也没有问题了吧。"

"那是当然！"啊哈沃德毫不犹豫地回答。简单地规划了行进路线之后，他取出虚拟

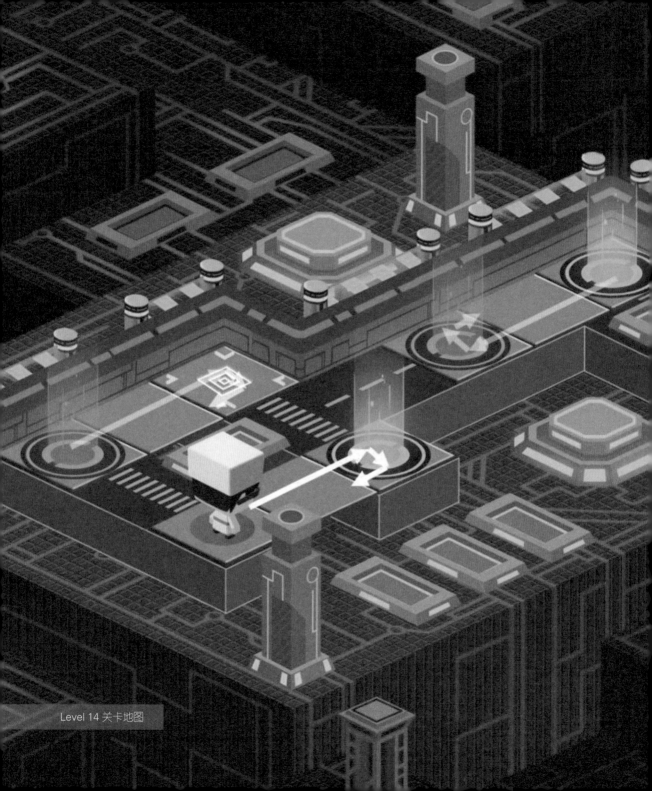

Level 14 关卡地图

键盘，很快敲出了通过这条公路的代码。

Level 14完美通关代码：

Python：

```python
for i in range (3):
    forward(2)
    right()
    right()
```

C++：

```cpp
#include <bits/stdc++.h>
using namespace std;
int main()
{
    for (int i = 1; i <= 3; i++)
    {
        forward(2);
        right();
        right();
    }
    return 0;
}
```

"终于过来了。"啊哈沃德站在公路尽头的数据传送节点上，不禁抱怨，"但这样晕头转向的传送经历，我可不想再有更多了。"

　　"是啊，混乱的逻辑是大部分程序错误的根源。"英菲妮特说，"就像一条画在纸上的线。如果纸被折叠起来又被揉皱了，线虽然从头到尾还是衔接在一起的，但要看出各线段之间的关系，就变得困难多了。逻辑混乱的程序，也许能够勉强实现功能，但会给阅读者和使用者都带来很糟糕的体验，而且很容易成为滋生bug的温床。以后在书写代码的时候，一定要先理清楚逻辑关系。"

　　说到bug，啊哈沃德又看了看身后的bug虫群，这团红色云雾风卷残云般地蛀蚀完桥梁之后，又开始啃食由代码组成的公路。很快，这段公路也变得斑驳破碎，如同风蚀的岩石般化为尘土。吞噬了数据能量的虫群再次发生变异，嘴里长出如钳子般的巨颚。

　　"这些该死的甲虫难道都不挑食吗？"啊哈沃德一边带着英菲妮特逃跑，一边抱怨。他们慌不择路地转进一条狭窄的隧道，突然停住了脚步，因为前进的去路，被隧道中间一个巨大的方块挡住了。

　　"死路？"啊哈沃德看向身后，红色甲虫群早已啃食完整条代码公路，再次向他们追了过来。

　　啊哈沃德几乎要急疯了，他气急败坏地一脚踢在挡路的方块上。但就在这时，伴随着阵阵滑动声，挡路的方块竟然向前移动了一点距离。

　　"我知道了。"英菲妮特突然眼前一亮，"这些数据方块，是被bug蛀蚀后变得不稳定的代码，它们脱离了原有的位置，影响了数据通道的通畅。程序是按照顺序执行代码的。如果代码的位置错误了，即使在语句和语法上没有问题，也会导致程序无法正常运行。"

　　"如果我们把这些数据方块推回原来的位置，就能够恢复数据通道的通畅与稳定，为

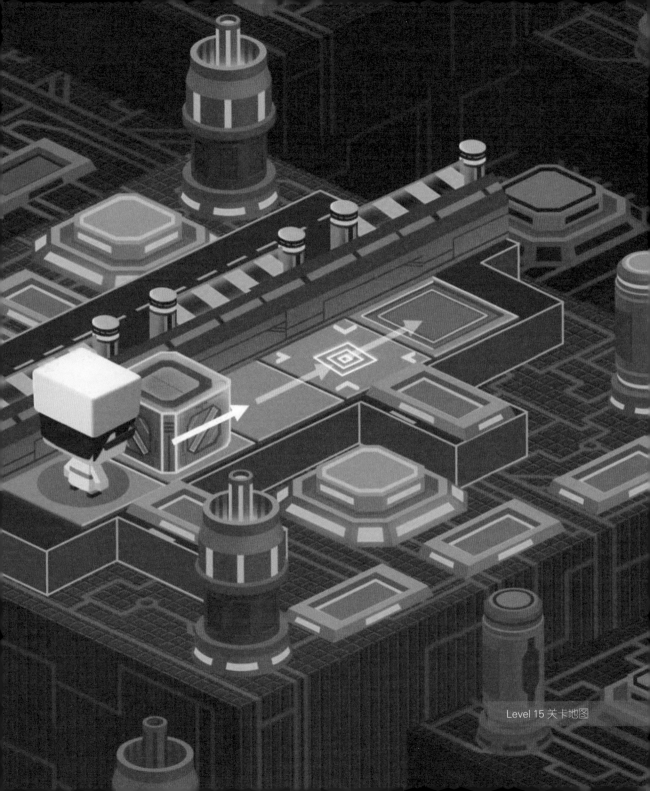

Level 15 关卡地图

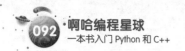

我们争取时间通过这里。"

啊哈沃德听得云里雾里。英菲妮特打了个响指，啊哈沃德发现技能栏中多出了一个方块图样的新技能按钮。他尝试着按下按钮，出现了一行对应的代码。

新技能：推
Python代码：push()
C++代码：push();
技能效果：把数据方块向前推动1格

啊哈沃德认识英文单词push是推的意思，这行代码的意思……

"不就是推箱子[1]吗？"

推箱子他可没少玩，规划好路线，把箱子推到特定的位置就可以通关了。他看了看道路的尽头，地面上有一个紫色的缺口，和数据方块的颜色正好相同，想必就是数据方块原本的位置了。他和道路终点之间的距离有3格远，而数据方块与这块凹陷地面之间的距离也是3格。所以只要一路向前就能把箱子推到目的地了。于是他拉出虚拟键盘，开始敲代码。

Python：

```
push()
forward()
push()
forward()
```

---

1 推箱子：又名"搬运工"，是一款经典的益智类小游戏。

```
push()

forward()
```

C++:

```cpp
#include <bits/stdc++.h>
using namespace std;
int main()
{
    push();
    forward(1);
    push();
    forward(1);
    push();
    forward(1);
    return 0;
}
```

写着写着，他突然意识到一个问题：既然推1格、前进1步的过程重复了3遍，为什么不用循环来让代码变得更加简捷呢？这么想着，他又把代码进行了一番修改。

Level 15完美通关代码：

Python：

```python
for i in range (3):
    push()
    forward()
```

C++：

```cpp
#include <bits/stdc++.h>
```

```cpp
using namespace std;

int main()
{
    for(int i=1;i<=3;i++)
    {
        push();
        forward(1);
    }
    return 0;
}
```

按下运行按钮，程序立刻开始运行，啊哈沃德先把数据方块向前推动了1格，然后移动到了腾出的位置上，再次推动数据方块。这样的过程重复了3次，箱子被推到了通道尽头的缺口，与此同时，数据通道恢复了通畅。

趁着红色甲虫群还没有跟上来，啊哈沃德赶紧带着英菲妮特钻进了数据通道，同时还不忘用数据方块堵住通道，希望能够挡住虫群。

他们走进数据通道的深处。这里的空间更加混乱，不但数据方块脱离了原有的位置，数据传送节点也被堵住了。凸出的数据方块、凹陷的地面、各色数据传送节点的光柱凌乱地分布，组成了无比复杂的迷宫。

"这个空间太过混乱了，一不小心就会迷失在这里。我们需要找到规律，将数据方块还原，恢复数据通道的稳定，然后离开这里。"英菲妮特皱着眉头说。

啊哈沃德脑中也是一片混乱。单是还原这些数据方块就已经够头疼了，数据传送节点

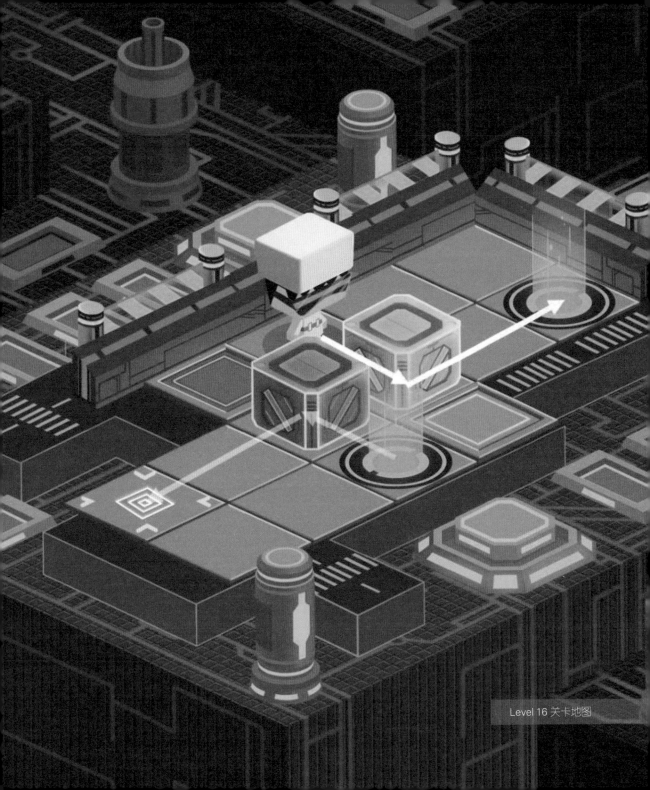

Level 16 关卡地图

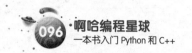

无疑又使问题变得更加复杂。但若是不通过这里，就只剩下被身后密密麻麻的bug虫群淹没的命运了。啊哈沃德咬了咬牙，开始硬着头皮，按照顺序结构的思路规划前进路线。

首先，绿色数据方块必须被推入前方的缺口。接下来，应该前进1步，向左转，再前进2步，通过数据传送节点到达紫色数据方块的背后，把紫色数据方块推进对应的缺口。最后，再向左转，前进2步，这样就可以到达数据通道的终点了。啊哈沃德按照这个思路写出了代码。

Python：

```python
push()
forward()
left()
forward(2)
left()
push()
forward()
left()
forward(2)
left()
```

C++：

```cpp
#include <bits/stdc++.h>
using namespace std;
int main()
{
    push();
```

```
    forward(1);

    left();

    forward(2);

    left();

    push();

    forward(1);

    left();

    forward(2);

    left();
}
```

仔细观察，这段代码的前半段和后半段是重复的，使用循环可以进一步缩减代码行数，得到更简单的代码。

Level 16完美通关代码：

Python：

```
for i in range (2):

    push()

    forward()

    left()

    forward(2)

    left()
```

C++：

```
#include <bits/stdc++.h>

using namespace std;
```

```
int main()
{
  for (int i = 1; i <= 2; i++)
  {
        push();
        forward(1);
        left();
        forward(2);
        left();
  }
  return 0;
}
```

啊哈沃德把代码检查了一遍，确定没有错误之后，按下了运行按钮。他依次把绿色和紫色的数据方块推进了对应的缺口，数据方块与缺口融合，发出"滋滋"的电流声，数据通道的后半段马上就要恢复通畅了。

"这下应该能甩掉那些甲虫了。"啊哈沃德靠在数据通道的墙壁上，长长地呼了一口气。然而就在这时，伴随着英菲妮特的惊呼，一阵剧痛从他的胳膊上传来。

啊哈沃德扭头看去，他的胳膊上趴着一只巨大的红色甲虫，钳子般的巨颚深深陷入肉中。他吓得几乎大叫出声，连忙用手将它拍掉。然而，当他再次看向身后的数据通道时，却因为恐惧连惊叫也冻结在喉咙里了。

堵住通道口的数据方块早已被甲虫群啃食干净。红色的甲虫群扑扇着翅膀，发出让人头皮发麻的嗡嗡声，朝数据通道中的两人扑了过来。

## 编程星系漫游指南
## 讨厌的 bug

如果要问程序员最讨厌的动物是什么，他一定会双手抓头，崩溃地回答："还用问吗，当然是 bug（虫子）！"

虫子？真奇怪，万能的程序员怎么会被区区一只虫子给吓坏了呢？学过编程的同学知道，他们说的 bug 并不是指自然界中的虫子，而是计算机学科中的一个术语：程序漏洞。

至于为什么程序漏洞会被称为 bug，还得从一个故事说起。

1947 年的一天，美国海军的电脑专家们使用一台由 17000 个继电器组成的巨型计算机 Harvard Mark II 进行编程。突然，火花一闪，计算机停止了工作。技术人员吓坏了，赶紧钻进计算机中进行检查（是的，那时候的计算机有整个房间那么大，必须钻进去检查），最终发现在计算机的 17000 个继电器中，有一个继电器里面飞进了一只虫子。虫子被高压电电死，落在了继电器的触点之间，导致整台计算机停止了工作。计算机专家把虫子取出来，并在向上级递交的报告中写道："一只虫子（bug）导致了计算机运行失败。"

bug 的说法被程序员们沿用到了今天，当然，在语义上也发生了一些改变。随着计算机技术的发展，早年因为虫子飞进计算机导致的硬件问题已经很少见了，现在计算机学科中的 bug 主要指的是程序中存在的错误和漏洞。这些 bug 轻则导致程序运行错误，重则造成数据丢失、系统崩溃、硬件损坏等不可逆的后果，实在是程序员们的天敌。

经过一段时间的编程学习，相信大家已经和讨厌的 bug 打过交道了。其实，不论是初学者还是资深程序员，写出来的代码中多多少少都可能藏着那么几"只"（或者几百"只"）捣乱的 bug。当程序出现 bug 而运行失败时，千万不要灰心，保持清醒的头脑，一步一步细心地把代码梳理一遍，找出 bug 并消灭掉它们，程序就能够正常运行啦！

　　哦对了，这个查找并修复bug的过程被称作程序调试（debug）。与bug的英文意思"虫子"相对应，debug也有一层英文意思是"捉虫"。只要见过程序员们趴在电脑前一行行地找出代码中的bug，并咬牙切齿地消灭它们的样子，顿时就会觉得这个单词实在是太形象了，这也算是程序员们的一种幽默吧。

## 02 源码之力

在漫游Aha Planet的整个经历中，啊哈沃德从来没有像现在这样想把光脑全息成像装置摘下来扔了。这个破装置传递视觉和听觉信号也就算了，可是为什么连痛觉也要真实地模拟出来。

现在，他整个人被成千上万只红色甲虫包围着，这些食人蚁一般的bug，张开如同钳子般的巨颚，不断啃咬着他的身体。又痛又痒的感觉传遍全身，让他哭也不是，笑也不是，只能一边蹦蹦跳跳，一边不断用手拍打，打掉这些讨厌的甲虫。但又哪里打得干净？他刚扑腾双手从一波甲虫中露出头来，另一波甲虫又将他淹没，整个人就像在翻滚的红色海洋中游泳。

英菲妮特也来帮啊哈沃德拍打。奇怪的是，尽管红色甲虫"漫山遍野"，却很少接近这个人工智能小女孩，就算有一两只撞上她的身体，也仿佛撞上了某种无形的屏障一般，被弹开到一边。

"不公平啊，为什么只咬我不咬她，就因为我写的代码bug多吗？"啊哈沃德郁闷了。

此刻英菲妮特的心中却无比难受。当自己被关在林克的源码实验室时，是啊哈沃德救出了自己，也是他陪伴自己一路逃跑，才跌进这混乱的数据之涧。在她的心中，啊哈沃德早已是一个可靠的朋友。但是现在，目睹朋友身陷危险，自己却无能为力，她的心中涌起深深的自责。

等等，也许不是无能为力……英菲妮特小心翼翼地探向体内蕴藏的那股未知的力量。

它们静静沉睡在那里，如同晒干堆好的木柴，只需投入一点火星，就能燃起熊熊的烈焰，吞噬一切敌人。

但同时，也燃尽自己的生命……英菲妮特闭上眼，深吸一口气，投下了那点火星。

"啊！"她痛苦地叫出声来。淡蓝色的能量波从她纤细的身体中喷薄而出，如同山崩海啸般横扫整座浮空岛。代码块被粉碎，数据传送节点被连根拔起，漫山遍野的bug虫群被震飞到空中，来不及扑腾翅膀，就化作一团团乱码，消失不见了。

检测到异常能量脉冲干扰，系统重启中……

光脑全息成像装置闪烁了几下，终于重新恢复正常。

啊哈沃德睁开眼，还在下意识地四处拍打甲虫。但他很快意识到不对劲，周围太安静了，不但虫群消失无踪，连英菲妮特也……"英菲妮特！"啊哈沃德手脚并用地爬到英菲妮特身边。小女孩躺在地面上，身体已经变成了半透明的代码形态。刚才消灭bug虫群使用的能量远远超出了她的身体负荷，现在，她连维持人类形态都变得困难起来。

"你怎么了，怎么会变成这样？"啊哈沃德焦急地问。

"我没事，那些甲虫都被赶走了吧。"英菲妮特脸上挂着虚弱的笑容。她想要坐起，却因为身体太过虚弱，挣扎了两下，还是跌倒在了地上。

"不要逞强啊，都变成这样了，怎么可能没事。"啊哈沃德说，"这样下去，过不了多久，你就会消失了吧。告诉我怎样才能让你恢复起来。"

夜空中划过一道闪电，照亮英菲妮特半透明的身体。她闭上了眼睛，不知是在思考，还是在休息。片刻之后，她才重新睁开眼，用犹豫的语气说：

"就像人类需要进食来维持生命一样，Aha Planet中的人工智能想要生存，必须消耗数据能量。我的数据能量结晶已经所剩无几了，如果得不到补充，就再也无法维持稳定的形态了。"

"不，不会的！"啊哈沃德大声打断了她，"好不容易从实验室逃脱出来了，好不容易走了这么远，怎么能在这里放弃呢？数据能量结晶是吧？你在这里等着，我一定帮你找回来！"

啊哈沃德把英菲妮特安放在一处相对平坦的地面上，独自踏上了寻找数据能量结晶的旅程。他脑中隐约记得数据能量结晶的模样。之前在源码实验室时，他就帮英菲妮特的数据核心收集过那种浅蓝色的能量块。那些光滑、冰凉、如水晶般晶莹剔透的东西，正是人工智能赖以生存的必需品。

迎面飘来一座小型浮空岛，小岛面积不大，却在前后左右四个方向上漂浮着四块数据能量结晶。多亏数据之涧中空无一人，否则在Aha Planet市区里，这些数据能量结晶恐怕早就被一抢而空了。啊哈沃德一面想着，一面纵身一跃，降落到了浮岛的正中央。

现在的目标是要收集四块数据能量结晶。啊哈沃德看向自己的技能栏，找到了一个带有夹子图标的按钮，正是收集数据能量结晶需要用到的"拾取"技能。

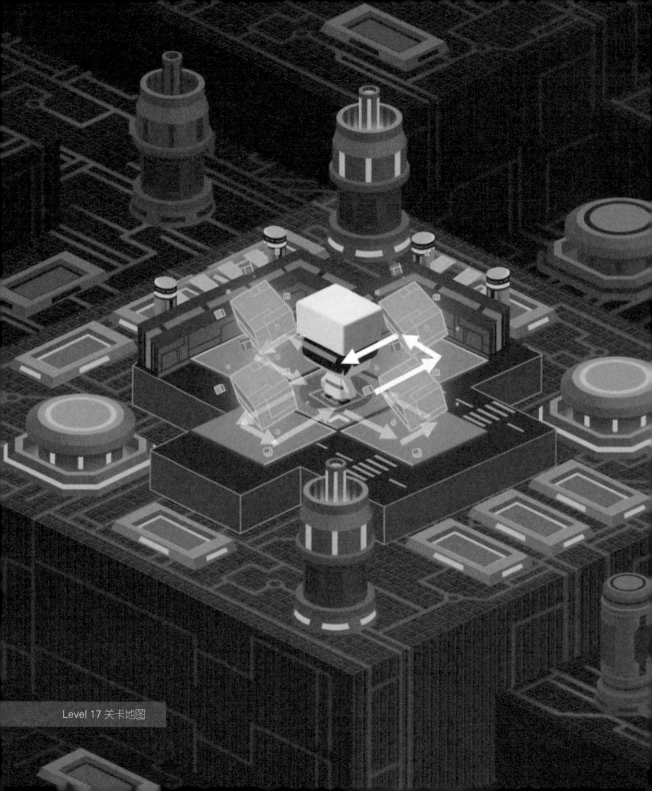

Level 17 关卡地图

新技能：拾取

Python代码：collect()

C++代码：collect();

技能效果：拾取地面上的物体（如能量块、武器等）

既然数据能量结晶在四个方向上对称地分布着，那么可以使用一个4次的循环，每次收集一个方向上的数据能量结晶。以收集正前方的数据能量结晶为例，每次循环中需要执行的代码包括：前进、拾取、左转两次、前进、右转（或者左转）。按照这个思路，啊哈沃德很快在代码区中写出了完整的代码。

Level 17完美通关代码：

Python：

```python
for i in range (4):
    forward()
    collect()
    left()
    left()
    forward()
    right()
```

C++：

```cpp
#include <bits/stdc++.h>
using namespace std;
int main()
{
    for (int i = 1; i <= 4; i++)
```

```
{
    forward(1);
    collect();
    left();
    left();
    forward(1);
    right();
}
return 0;
}
```

啊哈沃德满意地把四块数据能量结晶收集到口袋，然后继续四处搜寻。很快，他又看到了一座新的浮岛。这座浮岛狭长而曲折，两组不同颜色的数据传送节点光柱更是让本就曲折的路线变得更加复杂。若是在平时，啊哈沃德看见这样复杂的迷宫就想绕道走开，但他仔细一看，这座浮岛上竟然有五块数据能量结晶！

"没有办法，为了英菲妮特，硬着头皮闯吧！"啊哈沃德咬了咬牙，自言自语。

迷宫看上去复杂，但仔细分析起来，却并非毫无规律可循：首先，前进的路线只有一条，顺着中间的路线一直走，会到达尽头的绿色数据传送节点，被传送到上面的路线；继续走到尽头，又会到达一个蓝色的数据传送节点，被传送到下面的路线；这三段路线通过数据传送节点拼接在一起，正是英菲妮特说的"揉皱的线"。

接下来，就是把这一长串路线进行**分解**。收集第一块数据能量结晶需要走过一条"L"字形的路线，即前进1步、左转、前进2步、采集。而第二块数据能量结晶与第一块数据能量结晶之间恰好也相隔一个"L"字形的路线。第三块数据能量结晶虽然位于上面

Level 18 关卡地图

的路线，但如果把绿色数据传送节点连接起来，需要经历的路线也是前进1步、左转、前进2步、采集。然后是第四块、第五块。啊哈沃德突然发现，每两块数据能量结晶之间的间隔距离都是一样的，那么使用一个循环过程来执行5次，不就可以很方便地解决问题了吗？

发现这个规律之后，啊哈沃德拉出虚拟键盘，很快把逻辑思路转化成了代码。

Level 18完美通关代码：

Python：

```python
for i in range (5):
    forward()
    left()
    forward(2)
    collect()
    right()
```

C++：

```cpp
#include <bits/stdc++.h>
using namespace std;
int main()
{
    for (int i = 1; i <= 5; i++)
    {
        forward(1);
        left();
        forward(2);
```

```
        collect();
        right();
    }
    return 0;
}
```

前方又飘来一座载着数据能量结晶的浮岛，啊哈沃德没有细看，一下就跳了上去。当他降落在这座浮岛上时，才意识到陷入了麻烦之中。这不是一座完整的浮岛，而是由若干个悬浮代码块组成的、被各色的数据传送节点连接在一起的浮岛群。更麻烦的是，数据能量结晶和数据传送节点在浮岛的不同岔路上，稍不注意就会漏捡数据能量结晶，或者被数据传送节点传送到错误的位置。

啊哈沃德开始有点犯难了。每一个代码块仿佛一模一样，却又略有区别。如果盲目走上去的话，要不了多久就会迷失在浮岛群之中。

"对了，还是使用**分解**思维吧！"啊哈沃德自言自语。如果不能一次找到通向终点的路线，就把问题分解成几个小的部分，比如目前，可以先把眼前这座浮岛上的数据能量结晶收集起来。

这个过程对啊哈沃德来说并不复杂。只需要前进2步、收集、反方向前进1步、右转，再前进1步，就可以到达下一座浮岛了。

第二座浮岛的路线和第一座竟然是一样的。只需要前进2步、收集、反方向前进1步、右转，再前进1步。然后是第三座、第四座。由于每座浮岛的形状大致相同，只是方向上略有区别，因此在使用循环时注意行走的方向就可以顺利通过了。

Level 19 关卡地图

Level 19完美通关代码：

Python：

```python
for i in range (4):
    forward(2)
    collect()
    left()
    left()
    forward()
    right()
    forward()
```

C++：

```cpp
#include <bits/stdc++.h>
using namespace std;
int main()
{
    for (int i = 1; i <= 4; i++)
    {
        forward(2);
        collect();
        left();
        left();
        forward(1);
        right();
        forward(1);
    }
```

```
    return 0;
}
```

就这样，啊哈沃德为了收集数据能量结晶，在数据之涧的浮岛之间跳跃穿行，越走越远。但他不知道，在数据之涧虚空的另一端，阴影已经笼罩在了英菲妮特的头上。

"呵呵呵呵，看来我猜得没错，你就是那个拥有源码之力的人。"

无尽的虚空中，响起了隆隆声。

英菲妮特一惊，猛地抬起头。浮岛的地平线上，一个巨大的阴影正在缓缓升起。那不是林克，她可以确定，而是比他还要可怕得多的东西。如果把源码实验室中的那个疯狂科学家称作怪物的话，眼前的这个黑影就应该被称为恶魔。

"你是谁？"

"你不记得我了？"黑影说，"真有意思，难道是大爆炸让你失去了记忆？"

"大爆炸？"英菲妮特愣了一下。某些内存深处的记忆蠢蠢欲动。那是一次事故？一场灾难？还是一次创造和起源？她想不起来。

"在那场浩劫里，我们都失去了自己的一部分，我们都因此变得不完整。但即便如此，我们残余的力量联合起来，还是足以统治这个星球上的一切。所以，把你的力量交给我吧，我将成为这个星球的神。"

黑影翻腾着，将英菲妮特吞噬……

## 编程星系漫游指南
## 分解思维

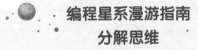

还记得在前面的学习中我们讲过的学习编程最重要的是什么吗?

对,是逻辑思维! 编程的目的是让计算机帮我们解决问题,而编程的逻辑思维,就是我们从找到问题,分析问题,到最终解决问题的思维过程。有了这样的思维过程,我们才能有效地写出正确的代码,告诉计算机应该做什么。

那么,当我们遇到一个复杂的问题时,应该怎样去分析问题呢?

这就要使用我们本节学习的方法——分解思维。所谓分解思维,是指将一个复杂的大问题,分解成若干个简单的小问题,然后逐一去解决的思维方法。

当面对一个复杂的迷宫时,我们并不用一口气把整条路线的代码写出来。可以先找找规律,把路线分成几个部分。依次写出每一部分的代码,再把各部分代码组合在一起,这样就能得到完整的通关路线了。

当专业的程序员们需要设计一个功能复杂的大型程序时,他们也不可能一口气把成千上万行代码写完。他们会根据功能需求,先把程序分解成不同的模块,分别实现各个模块的功能,然后将各个模块组合在一起,构成一个功能完整的程序。这种分解思维在程序设计中的应用,又被称为模块化。

哦对了,分解思维不但可以用于编程,在日常生活中也非常管用呢。比如好多同学都对写作文头疼不已,800字的长篇大论,憋了半天还是遥遥无期,那种感觉实在是太痛苦了。但是掌握了分解思维之后就不怕啦,我们可以先把作文分成几个部分:第一段是100字左右的开头,接下来是三段200字左右的正文内容,最后再来一段100字左右的结尾。分别写好这些不超过200字的小段落,再按照逻辑顺序组合起来,就能够得到一篇不错的作文

了哦！怎么样，有没有感觉很神奇？学习编程就是这样的，它锻炼的是我们的思维能力。这些思维能力，能够帮助我们更好地解决生活中方方面面的问题。

话说回来，我们的小英菲妮特身受重伤，又被数据之涧中的黑影抓走了。面对这样复杂的问题，啊哈沃德又会怎样解决呢？让我们跟着他的脚步，在 Aha Planet 中继续探索吧！

## 03 临时的联盟

啊哈沃德感觉口袋沉甸甸的，数据能量结晶随着他的行动相互碰撞，发出清脆的"叮当"响声，仿佛储蓄罐中的硬币。

"真是收获颇丰呢！"他擦了擦额头上的汗水，露出满意的笑容。

一阵欢快的铃声响起……啊哈沃德一愣，还没来得及接通，全息眼镜闪烁几下，就自动弹出了远程通信视频的弹窗。

"这骚扰电话也太高科技了。"啊哈沃德嘟囔。

然而，当他看到对方的全息影像时，脸上的表情顿时阴沉了下来。全息眼镜中，出现了源码实验室中那个衣着古怪、戴着单片眼镜、留着八字胡的疯狂科学家的身影。

"林克，你想干什么？"啊哈沃德冷冷地问。

"听着，小子，我们可能遇上大麻烦了。"林克那双狡猾的三角眼里，似乎流露出隐隐的焦急之色。

"等等，等等！"啊哈沃德打断了他，"什么时候变成'我们'了，我很确定我和你不在同一条船上。上次对话的时候，你还想要拿走我的脑子。"

"不要打断我！"林克吼道，"除非你想失去那个女孩。"

"英菲妮特？你对她做了什么？"

"是你做了什么！我的追踪信号显示她出现在数据之涧的最深处。不要告诉我你们是主动去那个地方送死的。"

啊哈沃德心中一沉："不可能，她当时能量几乎耗尽了。我把她留在浮岛上，她应该正等着我带数据能量结晶回去才对。"

"什么？你让她毫无防备地独自留在数据之涧？"全息影像中传来林克的怒吼，"你这个笨蛋！数据之涧中潜伏着可怕的怪物。个……不不！你弄丢了我的样本，我宝贵的样本！"

啊哈沃德的心脏仿佛突然坠入了后悔与绝望的泥潭。他双手攥拳，嘴唇咬紧，品尝到了舌尖上的丝丝血味。过了半晌，他才抬起头，目光坚定地看向林克，说："告诉我该怎么做，我去救她出来。"

林克的脸上浮现出一抹不易察觉的微笑。他在源码实验室的数据终端中输入了几行代码。片刻之后，啊哈沃德的全息眼镜中出现了一个显示着"文件接收中"的提示框。

"安装我给你的程序。我会帮你开启数据通道，让你能更快地赶到她的位置。"他顿了顿，继续说，"但你必须靠自己的本事才能到达那里。抓紧时间，趁现在还不晚。"

一道发光的传送矩阵在啊哈沃德的面前展开。他犹豫了一下，这会不会是林克设下的陷阱？但对英菲妮特的挂念很快占据了上风。啊哈沃德不再踌躇，纵身跳进了眼前的传送矩阵。

他降落在一个由两段"U"字形回廊组成的数据通道中，两段回廊的尽头通过淡绿色的数据传送节点相连，形成一个相互嵌套的矩形。啊哈沃德对数据通道的形状观察片刻，

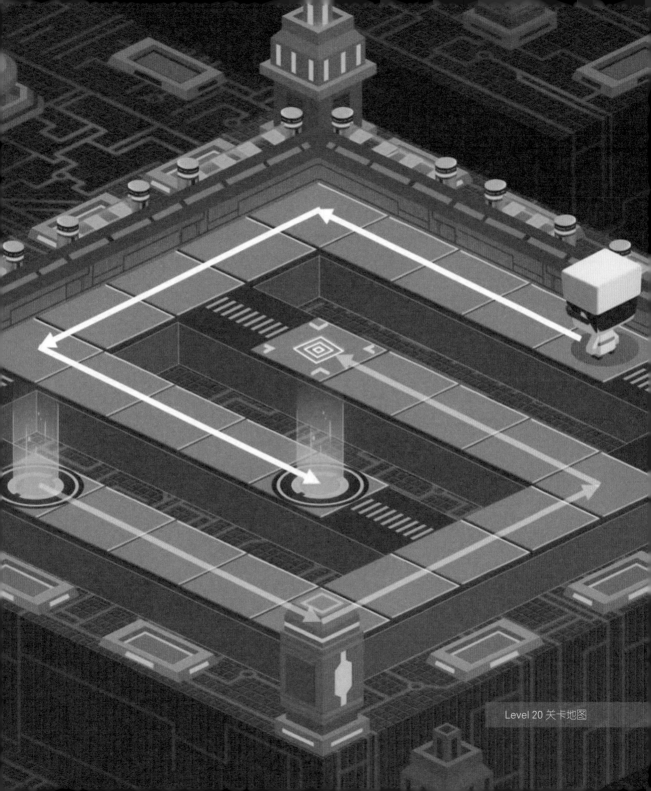

Level 20 关卡地图

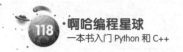

很快发现了其中的规律。

两段 "U" 字形回廊是完全一样的，因此只需要写出一段回廊的代码，再借助一个重复2次的循环就可以通过了。而在每次循环中，需要执行的步骤包括前进4步、左转、前进4步、左转，再前进4步。这样的路线对啊哈沃德来说并不复杂，因此他没有细想，很快便写出了行进代码。

Python：

```python
for i in range (2):
    forward(4)
    left()
    forward(4)
    left()
    forward(4)
```

C++：

```cpp
#include <bits/stdc++.h>
using namespace std;
int main()
{
    for (int i = 1; i <= 2; i++)
    {
        forward(4);
        left();
        forward(4);
        left();
```

```
        forward(4);
    }
    return 0;
}
```

啊哈沃德正要按下运行按钮，视野中闪烁了几下，林克的全息影像再次出现。

"这样的代码效率太低了！想要救出那个女孩，你必须抓紧时间！"戴着单片眼镜的疯狂科学家林克指责道。

"什么？"啊哈沃德一愣，"我已经把两段重复的代码放在循环里面了，难道还有比这更简单的办法吗？"

"如果你只能写出这种程度的代码，我真是高估你了。"林克说，"你根本没有理解循环的本质，只学会了一点点皮毛，就……"

"去你的！"啊哈沃德一气之下按下了挂断键。

耳边暂时清静了，但林克的话语却在他脑中回荡，久久不散。这段代码还能怎么简化？林克那个疯狂的科学家提到循环的本质，指的又是什么？

啊哈沃德回想起和英菲妮特在源码实验室中的相遇。是她教会了自己循环的技能，让程序执行重复的操作，从而简化代码。利用这个技能，他们解锁了囚禁英菲妮特身体的容器，闯过了防火墙的层层封堵，逃出了那间充满怪物的实验室。小女孩乐观开朗的笑容浮现在他的眼前，她经历了那么多苦难，却依然开朗地微笑着，鼓励自己不断探索，不断向前。

一股潜在的力量从啊哈沃德的心中涌出，他的头脑也变得清晰起来。对了，关键就在于这些重复的代码！啊哈沃德看向全息画面右侧的代码区。现在的代码中尽管使用了一次循环结构，但在循环内容中，仍然出现了两次重复的前进4步和左转指令，能不能把这些代码也放在循环中呢？

他开始尝试着缩减这段代码，首先，把原代码的循环内容里重复出现两次的前进和左转代码找出来。

Python：

```
forward(4)
left()
forward(4)
left()
```

C++：

```
forward(4);
left();
forward(4);
left();
```

把这部分代码替换成一个2次循环的形式，就变成了下面这样。

Python：

```
for i in range (2):
    forward(4)
    left()
```

C++:

```
for (int i = 1; i <= 2; i++)
{
    forward(4);
    left();
}
```

再把这个循环放到原来外层循环中对应的位置，这样就得到了一个在外层循环中嵌套着内层循环的代码结构。

Level 20完美通关代码:

Python:

```
for i in range (2):
    for i in range (2):
        forward(4)
        left()
    forward(4)
```

C++:

```
#include <bits/stdc++.h>
using namespace std;
int main()
{
    for (int i = 1; i <= 2; i++)
    {
        for (int i = 1; i <= 2; i++)
        {
```

```
        forward(4);
        left();
    }
    forward(4);
}
return 0;
}
```

　　按下运行按钮，啊哈沃德先前进了4步，向左转，然后又重复了一遍内层循环的过程，再前进4步，走过一段"U"字形回廊，来到了数据传送节点。但这还只是一次执行外层循环的过程。接下来，他被传送到另一段"U"字形回廊上，重复了一遍上面的过程，终于来到了数据通道的出口。

　　下一条数据通道也是一段"U"字形回廊。不同的是，三个不同颜色的数据方块挡在了道路的中央，而与它们颜色对应的缺口却在每条路的尽头。啊哈沃德心急如焚，而偏偏这些数据方块挡在了道路中间，让他一时无法通行。他一气之下，按下了连接源码实验室的通信器。视野中的淡蓝色提示框闪烁了两下，传入了林克的全息影像。

　　"如果你想让我救出英菲妮特，为什么还要在道路上设置这么多阻碍？"啊哈沃德对眼前的八字胡男人责问道。

　　"数据之涧里异常混乱，就算是我精密计算出的数据通道，在这里也会受到干扰而发生偏离。"林克哼了一声，用嘲讽的语气说，"凭自己的本事通过这里吧。如果你连这些困难都克服不了的话，就算找到那个小女孩，恐怕把她带回来的希望也不大。"

　　通信器信号一阵闪烁，林克断开了连接。

Level 21 关卡地图

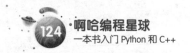

"果然我和他谈不到一起去。"啊哈沃德气得一脚踹向数据方块。

想要通过这条数据通道，必须把三个数据方块都推进对应颜色的缺口。啊哈沃德咬了咬牙，开始使劲推动面前的绿色方块：向前推动3次，每次需要推动1格，然后向前走1步，可以使用一个重复3次的循环来实现这个过程。

Python：

```python
for i in range (3):
  push()
  forward()
```

C++：

```cpp
for (int i = 1; i <= 3; i++)
{
  push();
  forward(1);
}
```

将绿色的数据方块归位之后，左转，面向紫色的方块。接下来的任务就是依次把紫色和红色的数据方块推进缺口。既然推进缺口的过程是一样的，那么一定也能够使用一个重复3次的循环来实现这个过程。于是，啊哈沃德把推方块和左转的代码整体放进了一个重复3次的外层循环中，得到了完整的代码。

Level 21完美通关代码：

Python：

```python
for i in range (3):
  for i in range (3):
```

```
            push()
            forward()
        left()
```

C++:

```cpp
#include <bits/stdc++.h>
using namespace std;
int main()
{
    for (int i = 1; i <= 3; i++)
    {
        for (int i = 1; i <= 3; i++)
        {
            push();
            forward(1);
        }
        left();
    }
    return 0;
}
```

啊哈沃德焦急地按下运行按钮，已经开始行动。他先把绿色数据方块向前推动1格，然后前进1步，这样内层循环的过程重复了3遍，把绿色方块推进了通道尽头的缺口，然后左转，面向紫色的数据方块，完成了1次外层循环的内容。接下来，外层循环的过程又重复了两遍，分别把紫色和红色的数据方块推进了对应的缺口。三个数据方块分别归位，数据通道也恢复了稳定。啊哈沃德走进数据通道尽头的数据传送节点光柱中。

"干得不错，小子。看来你自己悟出了**循环嵌套**的技能。"全息投影突然又亮了起来。林克的三角眼出现在全息影像中。他脸上焦急的神情已经全然无踪，取而代之的是某种感兴趣的表情，仿佛是在观察迷宫中的小白鼠。

"啊，你每次突然出现都会吓我一跳！"啊哈沃德抱怨道，"这次你又有什么高见？"

"别得意，**循环嵌套**是一个相当复杂的技能，不但需要写对循环条件中的次数和循环内容中的代码，还必须理清楚代码之间的层级关系。只有熟练掌握它，才能在关键时候派上用场。"

说完，通信信号一闪，林克又断开了连接。

"等事情结束了，我一定要弄清楚他是怎么随意入侵我的通信装置的。"啊哈沃德嘟囔着。

他穿过数据通道，来到一片镜像般的浮岛群。每座浮岛都是环形的，岛上闪烁着数据传送节点的光柱，形成一片五彩缤纷的迷阵。

若是过去的啊哈沃德，也许早就在各色光柱中迷路了，但拯救英菲妮特心切，反而让他的头脑冷静了下来。使用**分解**思维，他低声告诉自己，不要被复杂的问题吓倒，把它分解成简单的小步骤。因此，第一步是找出第一座浮岛的路线。啊哈沃德环顾四周，发现浅蓝色的数据传送节点就在自己的左手边，可以先向左转，然后前进……他突然停住脚步，一道绿色光幕从天而降，生生地隔在了自己和数据传送节点之间。看着光幕上流动的危险绿色源码，啊哈沃德惊出一身冷汗，若刚才没有及时停下而撞上去的话，恐怕整个人都会被切成两半吧。

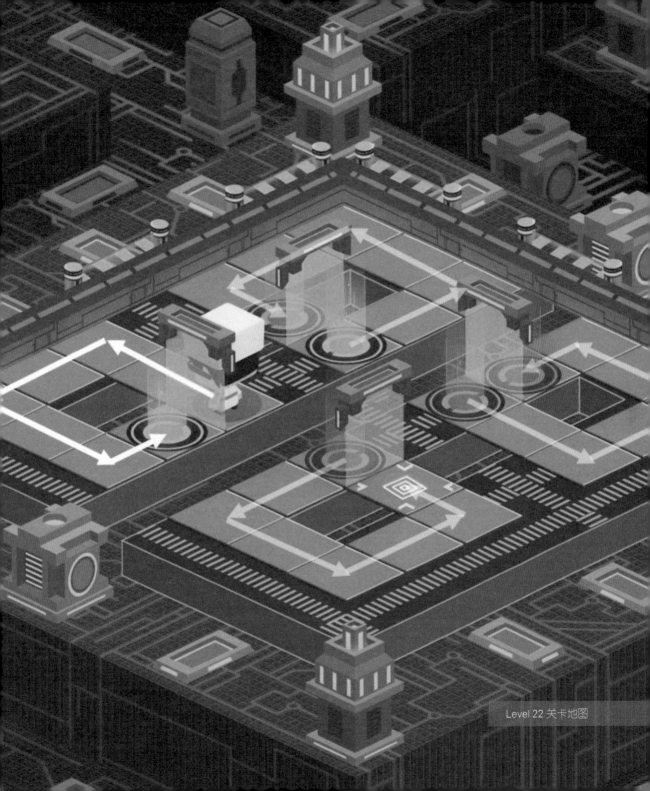

Level 22 关卡地图

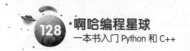

"这是什么情况？"啊哈沃德对着通信器的另一边怒问，"你想暗算我？"

没有回音，啊哈沃德暗骂一声。看来接下来的道路，必须自己一个人走了。他提高警惕，重新规划着前进的路线。好在浮岛是环形的，从另一端也能绕过去。不过这就需要先重复3次前进2步并左转的过程，绕过浮岛的三条边，最后再前进1步，走进数据传送节点。因此很容易得到通过一座浮岛的代码。

Python：

```
for i in range(3):
    forward(2)
    left()
forward()
```

C++：

```
for(int i = 1; i <= 3; i++)
{
    forward(2);
    left();
}
forward(1);
```

一共要通过四座浮岛，以上述内容作为内层循环，在外面嵌套一个执行4次的外层循环，就能够得到到达终点的代码了。

Level 22完美通关代码：

Python：

```
for i in range (4):
```

```
    for i in range (3):
        forward(2)
        left()
    forward()
```

C++:

```cpp
#include <bits/stdc++.h>
using namespace std;
int main()
{
    for (int i = 1; i <= 4; i++)
    {
        for (int i = 1; i <= 3; i++)
        {
            forward(2);
            left();
        }
        forward(1);
    }
    return 0;
}
```

通信器的蓝色提示框跳动了两下，又变成了红色的错误提示，这样交替闪烁了几下，信号终于传输了进来。然而这次林克的全息影像模糊变形，声音里也夹杂着大量杂音，断断续续："小子，我只能帮你到这里了。数据之涧深处有东西在干扰我的力量，让我的数据通道无法继续深入下去。不过就目前的情况看来，样本和你之间的距离不远了。她被困

在数据之涧谷底的一处由数据方块组成的巨石阵中……"

"巨石阵?"啊哈沃德说,"那是什么史前文明产物?"

通信器另一边的林克变得有些恼怒:"别不当一回事!那里是一处古老的遗迹,而那些石头……那些数据方块似乎拥有生命。"

林克的话不禁让啊哈沃德毛骨悚然……

## 编程星系漫游指南
## 循环嵌套

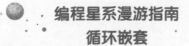

刚刚接触循环嵌套的同学，都会觉得这个概念让人有点晕。有的同学看着循环嵌套循环的复杂代码，完全无从下手；有的同学尝试写出一些循环嵌套的代码，却发现程序运行出来的结果和自己期望的结果不太一样。这可怎么办？如果不能熟练掌握循环嵌套技能，还怎么救出英菲妮特啊！

不要担心，现在是"练级"时间，看完下面的故事，你的循环嵌套技能就能大大提升啦！

源码巨人的可乐工厂发展到了一定规模，他和"交汇点"公司可乐经销商签订了一份合同。合同规定，在一年的 365 天里，他的工厂必须每天为经销商生产 1000 瓶可乐。源码巨人很高兴，叫来了生产车间的主管，让他去安排这个任务。

"我知道！从明天开始，我每天早上给生产线写一个生产 1000 瓶可乐的循环，坚持365 天就行了！"车间主管说。

源码巨人捂脸："难道你周末都不休息吗？"

"这……"车间主管愣住了。

"我来告诉你吧，想解决这个问题，需要使用循环嵌套。"源码巨人耐心地解释，"把我们面临的问题分解，一共可以分成三个部分。"

一年 365 天的循环：

Python:

```
for i in range(365):              #循环条件1：一年365天
```

C++:

```
for (int i=1;i<=365;i++)          #循环条件1：一年365天
```

```
{

}
```

每天重复 1000 次的循环：

Python：

```
for i in range(1000):          #循环条件2：每天重复1000次
```

C++：

```
for (int i=1;i<=1000;i++)      #循环条件2：每天重复1000次
{

}
```

生产 1 瓶可乐的过程：

Python：

```
取可乐瓶子                      #循环内容：生产1瓶可乐的过程
灌装550mL可乐
封上瓶口
```

C++：

```
取可乐瓶子；                    #循环内容：生产1瓶可乐的过程
灌装550mL可乐；
封上瓶口；
```

"现在，我们把这三部分代码组合到一起，组成可乐生产线的完整代码。"

可乐生产线的完整代码：

Python：

```
for i in range(365):          #外层循环：一年365天
    for i in range(1000):      #内层循环：每天重复1000次
        取可乐瓶子               #循环内容：生产1瓶可乐的过程
        灌装550mL可乐
        封上瓶口
```

C++：

```
#include <bits/stdc++.h>
using namespace std;
int main()
{
    for (int i=1;i<=365;i++)            #外层循环：一年365天
    {
        for (int i=1;i<=1000;i++)      #内层循环：每天重复1000次
        {
            取可乐瓶子；               #循环内容：生产1瓶可乐的过程
            灌装550mL可乐；
            封上瓶口；
        }
    }
    return 0;
}
```

"注意，在这段代码中，出现了两层循环，一年 365 天是外层循环，每天重复 1000 次是内层循环。这样一种外层循环中包含内层循环的结构，被称为循环嵌套。使用这段代码，一年的 365 天里，每天执行一次外层循环，都会让内层循环从头到尾执行一遍，也就是重复 1000 次循环内容，生产 1000 瓶可乐。"

"循环嵌套是宇宙中最伟大的力量。想象一下，1 个世纪包含 100 年，1 年包含 365 天，1 天包含 24 小时，1 小时包含 60 分钟，1 分钟包含 60 秒……一次短短的秒针跳动，经过 5 次循环嵌套，就能重复 1 个世纪之久，多么让人叹为观止啊！"源码巨人情不自禁地振臂高呼。

……没有回音，车间主管已经听睡着了。

"给我起来！如果明天生产线不能正常运转，我就炒你鱿鱼！"源码巨人的怒吼声响彻整个数据宇宙。

## 04 英菲妮特的苏醒

啊哈沃德跳下最后一块代码浮岛，降落在数据之涧的谷底。放眼望去，头顶上空漂浮着五颜六色的代码浮岛，仿佛深海中徜徉的鱼群，而脚下却是一片蓝灰色的废墟，破损的立柱和代码块斜嵌在地面，如同海床里埋没的遗迹与残骸。

"这里是……"啊哈沃德用指尖轻划过年代久远的残骸表面。一阵尘土被扬起，化为乱码，飘散在空中。这里是一处古老的遗迹，沉淀了数据世界漫长的历史。漫步在这片废墟之中，如同穿越时空，啊哈沃德内心生出一阵对过去的敬畏。他想起计算机发展史课上讲的那些超级计算机：作为先驱者的ABC[1]、埃尼阿克[2]，后来各国研发的神威·太湖之光[3]、天河[4]、顶点[5]、泰坦[6]、红杉[7]、京[8]、尤金[9]、代恩特峰[10]，再到后来全人类联合建造的终极计算机"先知"[11]。尽管这些庞然大物中的许多都已被历史的长河淹没，尘封于浩然的时空，但在人类探索数据宇宙的漫漫征途中，它们一直是代表人类最高智慧的里程碑。

---

1  ABC：阿塔纳索夫 – 贝瑞计算机，世界上第一台计算机，1941 年诞生于美国爱荷华州立大学。
2  埃尼阿克（ENIAC）：世界第一台通用计算机，1946 年诞生于美国宾夕法尼亚大学。
3  神威·太湖之光：由国家并行计算机工程技术研究中心研发、安装在国家超级计算无锡中心的超级计算机，曾被吉尼斯世界纪录认证为"运算速度最快的计算机"。
4  天河：天河一号是我国首台千万亿次超级计算机，位于国家超级计算天津中心，截止到 2010 年 11 月，是全球运行速度最快的超级计算机。天河二号是由国防科学技术大学研发的超级计算机，在 2014—2016 年期间，连续被评为全球运行速度最快的超级计算机。
5  顶点（Summit）：美国 IBM 公司研发的超级计算机。
6  泰坦（Titan）：美国橡树岭国家实验室超级计算机，前身为美洲虎（Jaguar）超级计算机。
7  红杉（Sequoia）：美国 IBM 公司生产的蓝色基因（Blue Gene）系列超级计算机。
8  京（K computer）：日本研发的超级计算机。
9  尤金（Juqueen）：德国尤利希研究中心于 2008 年研发的著名超级计算机。
10  代恩特峰（Piz Daint）：瑞士的超级计算机。
11  "先知"（Prophet）：本书中虚构的超级计算机，2058 年研发成功，搭载了能够解决人类一切问题的超级人工智能，是连接现实世界与数据世界的光脑系统的前身。

前方隐约出现了一些巨大的黑影。随着不断走近，啊哈沃德逐渐看清了它们的轮廓。那也是几个数据方块，只不过相比之前遇见的那些数据方块，它们更加古老，而且看上去有种难以描述的诡异感。

啊哈沃德小心翼翼地行走在数据方块的空隙中，在它们巨大而棱角分明的形体之间寻找英菲妮特的身影。然而，就在他经过两块紫色和青色的数据方块旁边时，一个笨拙的声音在他的耳边响起："请……请帮……帮帮我们。"

"谁……谁在那里？"啊哈沃德吓得都结巴了，他猛地转身，看到说话的竟然是那个紫色的数据方块，"你怎么……怎么会说话？"

"我们是一台老……老式计算机的人……人工智能，被遗弃之后，一直在这里睡……睡大觉。直到有一天，一个黑影来到这里。"紫色的数据方块慢慢地说。

"黑……黑影？"啊哈沃德问，他发现自己说话的方式有点被这些笨笨的数据方块带跑偏了。

"是……是的，他自称为'神'，让我们都听他的话，我们不答应，他就把我们赶……赶出了睡觉的地方。"紫色数据方块说。

"我们已经往回爬了几……几百年，因为太……太久没有睡觉，连脑子都变……变笨了。请帮帮我们，让我们回……回到睡觉的地方。"青色数据方块补充道。

啊哈沃德抬头看了看四周，发现这些数据方块对应的缺口就在离它们各自不远的地方。不过如果只凭它们这种没手没脚的立方体形态，恐怕再努力上几百年也难以向前挪动一步吧。他决定帮帮它们，顺便看看能不能从它们那里打探出英菲妮特的踪迹。

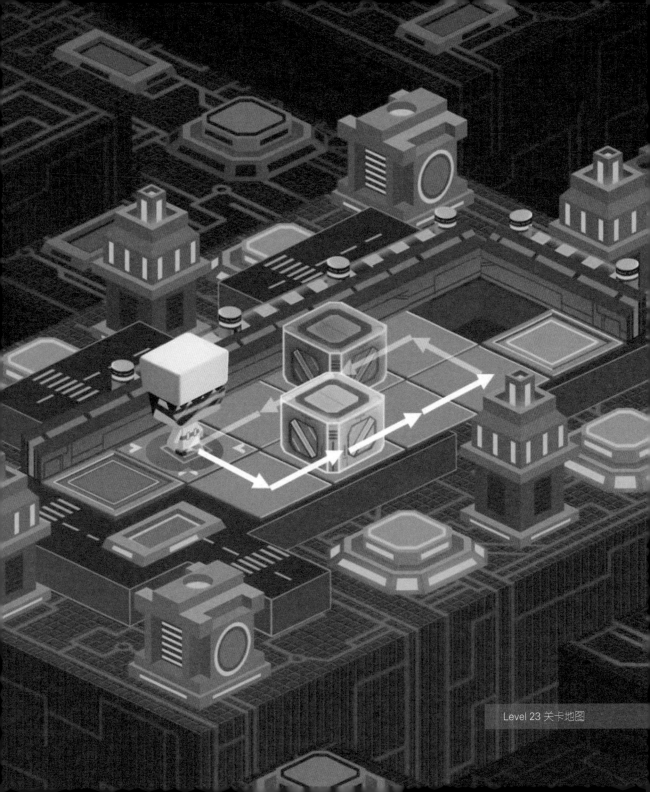

Level 23 关卡地图

　　按照分解的思想，要想还原两个数据方块，可以沿着中轴拆分为对称的两部分。首先前进1步，然后左转，把青色数据方块向前推动3格，再左转一次，这样就能把青色数据方块推进它对应的缺口，并让自己朝向紫色数据方块。之后，再用循环结构重复一遍上面的过程，这样就能把紫色的数据方块也推进它的"老窝"了。规划出了路线，啊哈沃德拉出虚拟键盘，很快完成了代码。

Level 23完美通关代码：

Python：

```
for i in range (2):
    forward()
    left()
    for i in range (3):
        push()
        forward()
    left()
```

C++：

```
#include <bits/stdc++.h>
using namespace std;
int main()
{
    for (int i = 1; i <= 2; i++)
    {
        forward(1);
        left();
        for (int i = 1; i <= 3; i++)
        {
```

```
        push();
        forward(1);
    }
    left();
    }
    return 0;
}
```

"啊！终于回家了！我要好好地大睡一觉。"紫色数据方块发出满足的感叹。

"是啊是啊，我还以为再也回不来了。真是太感谢你了。"青色数据方块说。嵌入对应的缺口后，数据能量很快填充进这两个笨笨的数据方块体内，让它们说话都变得利索起来。

啊哈沃德擦了擦额头上的汗水，想起有更重要的事情，于是赶紧问它们："我在找我的朋友，一个穿着粉白色衣服、扎着双马尾辫的女孩。她被人带到这了，你们有没有见过她？"

"有的，有的！"紫色数据方块的回答让啊哈沃德精神一振，它继续说，"我们看见黑影带着她前来，把她扔在前面不远的地方了。"

"就在那边！"青色数据方块补充道，"但是要小心，那边也有很多像我们这样的老式人工智能，它们已经投靠黑影，成为他的手下了。"

啊哈沃德告别那两个笨笨的人工智能数据方块，朝着它们指的方向前进了一会。没过多久，他就看到了林克所说的数据方块巨石阵。红、绿、青、蓝、紫，五个不同颜色的数据方块组成了一个矩形，包围着什么东西。

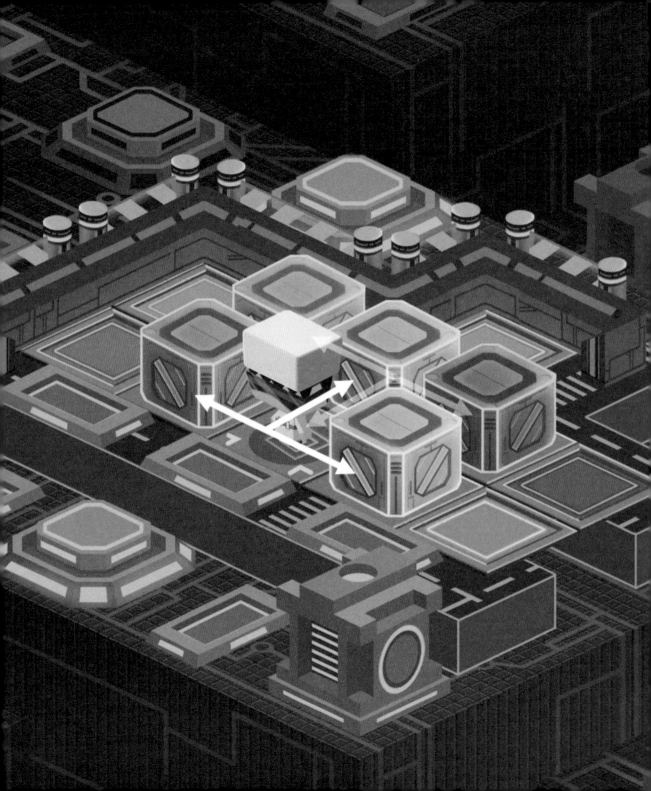

"我说，真的能够吞掉她吗？"蓝色的数据方块问。

"没问题，'神'已经吸收了她的源码之力，把她扔在这就是让我们自由处理的。"红色的数据方块用低沉的声音说。

"太好了，太好了。吞掉她身上残余的数据能量，我们也能够脱掉这沉重的外壳，成为活动自如的人形人工智能了吧。"绿色的数据方块跃跃欲试。

几个数据方块不约而同地发出"嘿嘿"的笑声，朝着围在中心的那个"东西"逼近。

啊哈沃德起初还只是诧异这些老式人工智能在讨论什么见不得人的阴谋，待到朝中间一看，怒意顿时疯狂地涌上心头。这些老式人工智能数据方块中间围住的哪是什么"东西"，分明是昏迷不醒的英菲妮特。这些老旧的人工智能和林克一样，看中了英菲妮特的高级人工智能数据结构，想要吞掉她来实现自己的进化。

"你们休想！"啊哈沃德一跃冲进巨石阵的中央，使劲推开最靠近英菲妮特的蓝色数据方块。蓝色数据方块向后退去，"吭哧"一声陷进了它身后的缺口中。

"咦？"其他几个老式人工智能数据方块同时发出一阵惊呼，向后退开了一些。啊哈沃德注意到和之前遇到的那两个笨笨的人工智能数据方块相比，尽管眼前的这些家伙也只是立方体的形态，却能在语言中夹带感情，动作也更加迅速。

"都给我停下！"啊哈沃德怒喝，目光环视这些数据方块，红、绿、青、蓝、紫，这些老式人工智能数据方块都是些什么配色，葫芦娃[1]吗？

---

1 葫芦娃：我国经典动画形象，有红、橙、黄、绿、青、蓝、紫七种颜色。

"你是什么人，为什么要打扰我们进化？"红色数据方块，看上去是这群老式人工智能中的长者，它开口向啊哈沃德责问道。

"你们想怎么进化我都没意见，可是你们休想伤害我的朋友！"啊哈沃德挺身站在英菲妮特前面，怒视这群立方体形状的老式人工智能。

"朋友"这个词让在场的所有数据方块一愣，它们窃窃私语了一阵，然后，绿色的数据方块开口说："胡说，人类和人工智能怎么可能成为朋友？你一定是想把她带回去，独吞她的数据能量。"

"别和他啰唆，大家一起上，挤扁他。"蓝色数据方块已经从缺口中挣脱出来了，它惦记着啊哈沃德推它的事情，铆足了劲朝啊哈沃德撞来。

啊哈沃德敲下一行push()代码，又给它推进了身后的数据缺口……但啊哈沃德还没缓过劲来，身体就被重重地撞了一下。他转身一看，绿色的数据方块已经来到了自己面前，而它旁边的红色、青色、紫色数据方块也紧随其后，将他团团包围了起来。

"冷静！"啊哈沃德对自己说。这些人工智能数据方块轮番朝自己进攻，想一个个地对付它们必然会应接不暇。好在每个数据方块的缺口都只在身后一步的地方，如果能够写出代码，一口气把它们全部推进缺口，也许就能争取机会，带着英菲妮特离开了吧。

没有思考和犹豫的时间了，啊哈沃德强迫自己用最快的速度找出方案：首先把青色、蓝色和红色方块推进缺口，给自己周围腾出一点空间；然后，走到绿色和紫色方块之间去，分别把它们推进缺口；最后返回英菲妮特的身边。啊哈沃德一边想着，一边开始飞快地书写代码。

Python：

```
left()
push()
left()
push()
left()
push()
right()
forward()
left()
push()
left()
left()
push()
right()
forward()
```

C++：

```
#include <bits/stdc++.h>
using namespace std;
int main()
{
    left();
    push();
    left();
    push();
```

```
    left();

    push();

    right();

    forward(1);

    left();

    push();

    left();

    left();

    push();

    right();

    forward(1);

    return 0;

}
```

但是这样的代码太长了，等最后把绿色数据方块推进缺口时，最早推进缺口的红色数据方块也许已经挣脱出来了。好在可以利用**循环结构**缩减代码的行数。啊哈沃德想着，把连续3段左转和推的代码写进了一个3次的循环中。

Python：

```
for i in range (3):

    left()

    push()

right()

forward()

left()
```

```
push()
left()
left()
push()
right()
forward()
```

C++:

```cpp
#include <bits/stdc++.h>
using namespace std;
int main()
{
    for (int i = 1; i <= 3; i++)
    {
        left();
        push();
    }
    right();
    forward(1);
    left();
    push();
    left();
    left();
    push();
    right();
    forward(1);
```

```
    return 0;
}
```

确认了一遍代码没有逻辑和语法错误，啊哈沃德按下了运行按钮。他首先执行了3次左转和推的动作，分别把红色、蓝色和青色的数据方块推进了身后的缺口；然后右转，前进1步，走到绿色和紫色方块之间，左转，把紫色方块推进了缺口，再转身2次，最后……然而就在这时，"吱呀"一声巨响传来，最早被推进缺口的红色数据方块从缺口中挣脱出来了，正朝着英菲妮特逼近。

"不！"啊哈沃德大喊一声，扔下面前的绿色方块，回到房间中央，赶在红色方块撞上英菲妮特前挡住了它。

"可恶！"啊哈沃德双手支撑膝盖，喘着粗气。不断推动这些数据方块消耗了他太多体力，他心中隐隐地感到一丝绝望。可是，为了英菲妮特，不能放弃！

"这样相持下去对大家都没有好处。"红色数据方块说，声音中带着疲惫。看来从数据缺口中挣脱也要消耗它不少数据能量。在计算出对抗的付出和收益比之后，它决定换一种方式向啊哈沃德挑战。

"这个高级人工智能拥有强大的进化能力，而这个进化的机会，显然应该留给更聪明的人。"红色数据方块缓缓地说，"和我打一个赌怎么样？如果你能证明你比我们这些人工智能更加聪明，我们就让你带走她。"

"好吧，你想要赌什么？"

"就赌高效运用代码的能力。我们都不动，也不会对你发起攻击，但是你必须能够用比我们计算出的代码量更少的代码把我们全部推回数据缺口。如果你做到了，就证明你比

我们更加聪明，我们就让你带着她离开。"

一丝转机突然在啊哈沃德心中浮现。然而下一瞬间，红色数据方块说出的数字，却又让他陷入了绝望之中。

"根据我的计算，我们人工智能只需要10行以内的Python代码就能完成这个任务，你能比我们做得更好吗？"数据方块问。

"什么？这不可能完成！"啊哈沃德说。他看向现在的代码区，在用上循环之后，代码长度仍然有12行，而在这段代码中，明明已经没有重复的部分了。

"不可能？呵呵，难道你要认输吗？"数据方块嘲讽道，"那么就说明你没有我们聪明了，按照打赌的规则，由我们带走这个高级人工智能。"

"等等！"啊哈沃德制止，努力不让自己思考目前危险的处境，集中注意力反复检查代码。原来代码中推青色、蓝色、红色方块的操作可以用循环来实现，但推绿色和紫色方块的时候却没有使用循环。因为推完绿色方块再推紫色方块的时候需要连续左转2次，在中间少了一个推的操作。"有了！"啊哈沃德灵机一动，计上心来。如果推完绿色方块之后不是连续左转2次再推紫色方块，而是在2次左转之间对着"空气"推一次呢？这样，推绿色和紫色方块的操作也可以用一个3次的循环来实现，代码就可以简化了。

Python：

```
for i in range (3):
    left()
    push()
right()
forward()
```

```python
for i in range (3):
    left()
    push()
right()
forward()
```

C++:

```cpp
#include <bits/stdc++.h>
using namespace std;
int main()
{
    for (int i = 1; i <= 3; i++)
    {
        left();
        push();
    }
    right();
    forward(1);
    for (int i = 1; i <= 3; i++)
    {
        left();
        push();
    }
    right();
    forward(1);
    return 0;
```

```
    }
```

经过上面的简化之后，推青色、蓝色、红色方块的3次循环加上右转和前进，以及推绿色、紫色方块的3次循环加上右转和前进，又变成完全一样的了，可以再嵌套一个2次的外层循环来进一步简化代码。

Level 24完美通关代码：

Python：

```python
for i in range (2):
    for i in range (3):
        left()
        push()
    right()
    forward()
```

C++：

```cpp
#include <bits/stdc++.h>
using namespace std;
int main()
{
    for (int i = 1; i <= 2; i++)
    {
        for (int i = 1; i <= 3; i++)
        {
            left();
            push();
```

```
        }
        right();
        forward(1);
    }
    return 0;
}
```

　　想到这里，啊哈沃德开始在虚拟键盘上运指如飞，很快写出了最终的代码。他按下运行按钮，开始飞快地操作。推动青色、蓝色、红色数据方块的过程和之前一样，然而，当看到啊哈沃德巧妙地加入"推空气"，用循环把绿色和紫色方块推进缺口中时，这群刚才还一直出言嘲讽他的老式人工智能数据方块渐渐笑不出来了。

　　"什么，只用了6行代码？"

　　"不可能，我们精密的计算，怎么可能输给区区人类？"

　　"检查一下他的代码，看他是不是作弊了？！"

　　它们有的怒吼，有的惊呼，顿时乱作一团。

　　"没什么不可能的，人类的创造力超出你们这些老古董的想象！"啊哈沃德说。伴随着"咔嗒"一声轻响，他已经把最后一个数据方块推进了对应的缺口。

　　"呵呵，呵呵……"红色的数据方块发出自嘲的笑声，"看来我们还是没有逃过摩尔定律[1]的诅咒啊。时过境迁，我们的时代已经过去，只能迎来沉睡的命运喽。"说罢，它

---

1　摩尔定律：英特尔 (Intel) 创始人戈登·摩尔于 1965 年提出，计算机的性价比每隔 18~24 个月就会提升一倍。这个规律有效地预测了计算机技术的发展速度。

发出一声英雄末路般的叹息，缩进身后的数据缺口，沉沉地睡了过去。

"看来你赢了，带走你的'朋友'吧。"绿色数据方块撞了撞啊哈沃德的肩膀说。

"哼，别得意，就算你获得了我们的认可，但'神'的力量是无穷无尽的。小心别被他碰上。"蓝色数据方块仍然用不满的语气说。

就这样，这群老式人工智能数据方块纷纷缩进身后的缺口，随着它们身上的指示灯——熄灭，数据之涧遗迹再次陷入一片寂寥的黑暗之中。

"英菲妮特，你怎么样了？"啊哈沃德焦急地赶到小女孩身前，蹲下身子。

英菲妮特面色苍白，躺在地板上一动不动。因为失去了太多源码能量，她的身体几乎完全变成了半透明的代码状态，数据核心中淡蓝色的小火苗如同风中残烛，摇摇欲坠。

"英菲妮特，快醒醒！"

啊哈沃德伸手，想要拉住她的手，或者扶起她的肩膀。但他的手从她身体中穿过，没有触碰到实体，只在淡蓝色的代码中留下了一道涟漪。

"我带来了这个！数据能量结晶，这是你需要的东西吧。"

他慌乱地翻动口袋，掏出之前辛苦收集的数据能量结晶。他的手剧烈地颤抖着，把好几块数据能量结晶洒落在地上。这些淡蓝色的半透明立方体在地上弹跳着，发出叮当的响声，如同碎落一地的繁星。

英菲妮特依然一动不动。没有言语，没有呼吸，甚至没有吸收数据能量结晶的意识。

她就这样静静地躺在地面上，如同失去了电力的机器人。

为什么事情会变成这样？自己明明努力地想要拯救英菲妮特，却还是眼睁睁地失去了她。如果自己能够早一点赶到，这样的事也许就不会发生了。是因为自己太弱了吗？因为不够强大，所以再怎么努力都没有用。因为不够强大，才无法守护想要守护的人。

晶莹的泪珠滑过脸庞，落在地上，溅起小小的水花。啊哈沃德低着头，呆呆地看着地板。突然，他的目光被身边的光束吸引。

是那些数据能量结晶。一个半透明小方块正悬浮在空中，微微颤抖，围绕着英菲妮特旋转。淡蓝色的能量光芒从方块中飘出，飞向小女孩的身体。一块，又一块，越来越多的数据能量结晶漂浮起来，舞动、飞旋，在英菲妮特身边形成如同银河旋臂般的淡蓝色旋涡！数据能量结晶重新落回地面时，它们失去了光泽，变成了暗淡的灰色。它们已经完成了自己的使命，把能量传输给了英菲妮特，努力修复她因为源码流失而破损不堪的身体。

啊哈沃德屏息，紧张地看着眼前梦幻的景象。

修复硬件损伤……排除系统异常……分配存储空间……安装漏洞补丁……自定义可视化外观……修复程序完成，系统重启中……错误的代码被更正，残缺的代码被补全，数据核心中的淡蓝色小火苗跳动得越来越旺盛，半透明的代码身体正在逐渐实体化。

"原来是这样啊！"啊哈沃德抹了一把眼泪，微笑起来，"怎么不早说呢？"

原来并没有失去她！原来在任何时候都不能轻易说放弃！原来所有的努力都不会白费，需要的只是时间！

然后，伴随着一声熟悉的、充满元气的轻呼，英菲妮特重新睁开了眼睛。

英菲妮特的苏醒

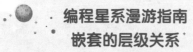

## 编程星系漫游指南
## 嵌套的层级关系

为了响应高阶黑客管理局（A.H.A.）和数据世界能源管理联合会提出的《数据世界环境保护条例》，源码巨人再一次对可乐工厂的生产线进行了改进。现在，他的生产线需要在一年的 365 天里，每天早上自动开机，然后生产 1000 瓶可乐，最后在晚上下班的时候自动关机。这样一来，生产线在夜间就不用待机消耗源码能量了。

于是，他的车间主管给生产线的智能机器人写下了如下代码。

Python：

```python
for i in range(365):
    for i in range(1000):
            启动生产线
            取可乐瓶子
            灌装550mL可乐
            封上瓶口
            关闭生产线
```

C++：

```cpp
#include <bits/stdc++.h>
using namespace std;
int main()
{
    for (int i=1;i<=365;i++)
    {
```

```
        for (int i=1;i<=1000;i++)
        {
                启动生产线;
                取可乐瓶子;
                灌装550mL可乐;
                封上瓶口;
                关闭生产线;
        }
    }
    return 0;
}
```

第二天一大早，生产车间主管就火急火燎地敲开了源码巨人办公室的门。他一面挠着头，一面焦急地说："老大，不好了！我们的生产线每生产一瓶可乐就会重启一次。在重启了 666 次之后，开机键坏掉了。"

你能找到是哪里出了问题吗？

如果聪明的你能够一眼看出问题的所在，那就说明你已经很好地掌握了嵌套的技能。没错，问题就出在嵌套的层级关系上。让我们来逐步分析一下。可乐工厂在 365 天里，每天生产 1000 瓶可乐，因此外层循环次数为 365，内层循环次数为 1000，循环内容包括：取可乐瓶子、灌装 550mL 可乐、封上瓶口。

现在问题来了：如果想要在每天早晚启动和关闭生产线，这两句代码应该放在内层循环中，还是外层循环中呢？

结果显而易见，如果把这两句代码放在内层循环中，那么生产线在生产每一瓶可乐

的前后，都会执行一遍启动和关闭生产线的操作。在 365 天里面，生产线总共会重启
365×1000=365000 次，不坏掉才怪呢！

因此，在炒掉那名不合格的车间主管之后，源码巨人亲自修改了生产线的代码。

Python:

```
for i in range(365):
    启动生产线
    for i in range(1000):
            取可乐瓶子
            灌装550mL可乐
            封上瓶口
    关闭生产线
```

C++:

```
#include <bits/stdc++.h>
using namespace std;
int main()
{
    for (int i=1;i<=365;i++)
    {
            启动生产线;
            for (int i=1;i<=1000;i++)
            {
                    取可乐瓶子;
```

```
                灌装550mL可乐;

                封上瓶口;

            }

            关闭生产线;

        }

        return 0;

    }
```

　　这样一来,他的可乐工厂终于能够每天早上自动启动生产线,生产1000瓶可乐,并且在晚上下班前自动关闭生产线了。

　　那么,在听完这个故事之后,小朋友们有没有对循环嵌套有了更深入的了解呢?循环嵌套可以理解为一个乘法过程,如果用公式来表示的话,在外层循环a中嵌套了内层循环b之后,外层循环中的代码一共会被执行a次,而内层循环中的代码在每次外层循环中都会被执行b次,因此一共会执行a×b次。

Python:

```
for i in range(a):              #外层循环
    代码1         #代码1在外层循环中,在代码2之前执行,一共执行a次
    for i in range(b):          #内层循环
        代码2                  #代码2在内层循环中,一共执行a×b次
    代码3       #代码3在外层循环中,在代码2之后执行,一共执行a次
```

C++:

```
for(int i=1;i<=a;i++)           #外层循环

{
```

```
代码1            #代码1在外层循环中，在代码2之前执行，一共执行a次
for (int i=1;i<=h;i++)        #内层循环
{
        代码2  #代码2在内层循环中，一共执行a×b次
}
代码3            #代码3在外层循环中，在代码2之后执行，一共执行a次
}
```

当然，程序代码中的嵌套结构形式多种多样，不止循环结构能够嵌套，后面要学习的条件判断结构也能进行嵌套。但不论代码变得多么复杂，只要保持一颗清醒的头脑，弄清楚哪些代码应该放在嵌套的外层结构中，哪些代码应该放在嵌套的内层结构中，就不会犯错误啦！

第 3 章
城市追逐

数据都市

# 01 街区逃亡

半透明的数据能量结晶在空中盘旋，形成如同银河旋臂般的旋涡。它们淡蓝色的能量聚集在英菲妮特的身旁，努力修复着她破损不堪的身体。错误代码被更正，残缺的代码被补全，数据核心中的淡蓝色小火苗跳动得越来越旺盛，因源码流失而变成半透明状的身体也重新获得了真实的质感。

"啊哈沃德？"小女孩揉了揉眼睛，仿佛刚从一场甜美的睡梦中醒来。

"太好了，你终于醒了！"

"刚才发生了什么？我怎么会在这里？咦，等等，你怎么在哭？"

"哪有！这是刚才出的汗。"啊哈沃德狡辩，胡乱地抹了抹脸，露出微笑，"你现在感觉怎么样，能够站起来吗？"

英菲妮特试着起身，过程比预想的顺利得多，淡蓝色的源码能量充盈着她的身体，让她一扫之前的疲态，举手投足之间都变得更有活力了。

"看来不错呢！谢谢你收集的数据能量结晶，我已经恢复了大部分力量。现在，让我们出发，离开这片混乱的数据之涧吧。"

"可是，怎么回去？"啊哈沃德有点尴尬地问。

现在他们正处在数据之涧的最深处，唯一通向地面世界的路径是林克临时创造的数据通道。可是如果进入那里的话，恐怕会直接被传送回他们费尽九牛二虎之力才逃出的源码

实验室吧。

"就从这走。"英菲妮特说着，已经踏进了数据通道。她的双手在半空中的虚拟屏幕上快速跳动了几下，不一会儿，光柱从地面升起，将两人笼罩其中。

"哎，等等……啊！疼疼疼！"

啊哈沃德还没做好准备就被从数据通道里弹了出来。因为着陆不稳，连着翻了好几个跟头，直到撞进墙角的一堆破铜烂铁里才停下来。英菲妮特则优雅得多，她轻轻一跃，稳稳地着陆，然后对摔坐在地的啊哈沃德伸手，拉他起身。

"咦，这里不是源码实验室？"啊哈沃德问。

"我修改了林克数据通道中的几个关键坐标，把传送的终点改成源码实验室以外的数据都市了。"英菲妮特脸上露出调皮的笑容。

啊哈沃德一愣，随即想到林克在数据通道前守株待兔，却不知道他们早已逃走的样子，也不由得笑出声来。

现在，既然已经逃出了危险的源码实验室和混乱的数据之涧，应该可以亲身体验一下五彩缤纷的数据都市了吧，啊哈沃德心想。不过话说回来，自他来到Aha Planet后，只从高空中匆匆俯瞰过这个星球一眼，就被卷进了源码实验室的风波。现在，他们已经战胜了艰难险阻，终于可以在这里多逛逛，放松一下了。

"等等，这里感觉不太对劲。"英菲妮特突然低声说。

"什么？"啊哈沃德提高警惕，看向四周。很快，他也感觉到了四周环境的诡异之

处：林立的摩天高楼，五彩的霓虹灯，闪烁的广告牌，这些都是数据都市的特征无疑，但这里却又不像是他曾经见过的地方，因为……整座城市空无一人。

天空淅淅沥沥地下着雨。轻薄的雨帘笼罩着五彩的霓虹灯，形成若隐若现的光幕。寂寞的街灯照在倾斜的电线杆上，拖出几条冷清的影子。潮湿的水潭反射着星星点点的光辉，如同海市蜃楼。一切显得如此虚幻。街角堆放着凌乱的货物。营业的店铺无人看管，货架随意地翻倒在地，如同遭到洗劫。摩托车、小轿车和警车在道路中央混乱地挤成一团，车灯兀自亮着，交警和司机却全都不知所踪。似乎整座城市在很短的时间内被清空了，只留下一片废墟。

"这里……这里发生了什么？"啊哈沃德诧异地问。他曾从高空俯瞰Aha Planet，这里熙熙攘攘，车辆川流不息。这座城市中的人呢？他们到哪里去了？

身后响起低沉的脚步声，似乎是某种笨重的生物在缓慢行走。啊哈沃德感到脊背一阵发寒，赶紧拉着英菲妮特躲进墙角。片刻之后，一只蓝色的长着三角脑袋的怪物从近在咫尺的大路上走过，手中的电击枪迸发着危险的火花，似乎是在沿着街道执行巡逻命令。

"冗兵！"啊哈沃德吃了一惊，"这些源码实验室的怪物怎么会出现在这里？"

"不知道，但是我有种不好的预感。"英菲妮特打了个哆嗦。

"我也是。"啊哈沃德苦笑着说，"看来优哉游哉闲逛的计划也泡汤了，来吧，我们得赶快离开这个鬼地方。"

他们穿行在建筑物之间的小巷里，小心翼翼地躲避巡逻的冗兵。好在这些数据怪物只会机械地沿着大路巡逻，没有注意到藏身墙角的二人。他们转过一个墙角，突然停下脚步，因为面前的道路中央，赫然出现一个巨大的缺口。

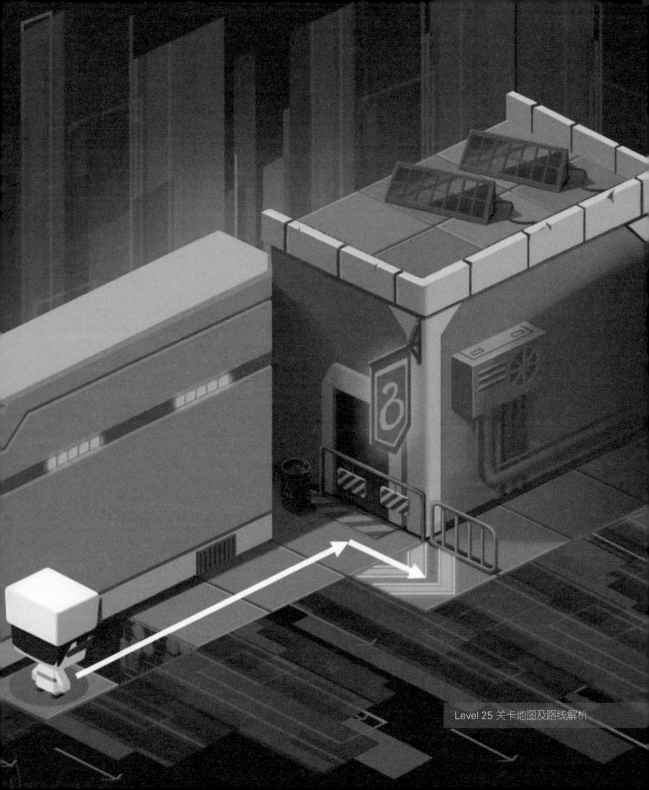

Level 25 关卡地图及路线解析

"谁这么没素质，竟在路中间挖坑？！"啊哈沃德抱怨道。

英菲妮特向下看了看，皱起了眉头道："看来构成数据都市的代码中出现了一些错误。小心，如果从这里掉下去，可能又会掉进充满乱码的数据之涧。"

"现在应该怎么办？难道要原路返回吗？"啊哈沃德问。他对那个充满bug的数据之涧可没有一点好感。可是如果眼前的小巷无法通过，他们只能返回到大街上去了。那样的话，遇到冗兵的可能性会大大增加。

"不，我们继续前进。"英菲妮特上前一步。淡蓝色的源码光束从她的手中射出，射向地面的缺口。没过一会儿，代码渐渐汇聚成实体，地面上的缺口竟然被一点点填补起来。

哇，这又是什么情况？啊哈沃德的下巴再一次被惊掉到地上。都能意念造物了，绿灯侠[1]有没有？

"感谢你帮我收集的数据能量结晶，现在我的能力恢复了一些，能够使用源码光束对世界上的事物直接干预了。我会把这个能力教授给你。"英菲妮特微微一笑。

啊哈沃德听见"叮"的一声技能升级音，再看向自己的技能栏时，里面已经多了一个带有铲子图标的按钮。啊哈沃德按下这个按钮，出现了一行相应的代码。

新技能：建桥
Python代码：build()
C++代码：build();
技能效果：建造一座浮桥，填补地面上的缺口

---

1 绿灯侠：美国 DC 漫画公司旗下的超级英雄角色，可以使用手中的绿灯戒指制造想象中的事物。

Python：

```
build()
```

C++：

```
build();
```

啊哈沃德知道单词build的意思是建造。那么这条代码的意思，想必就是用源码建造浮桥，填补地面的缺口吧。既然自己已经获得了这项超能力，那么通过眼前的小巷自然不在话下了。啊哈沃德拉出虚拟键盘，很快写出了完整的代码。

Level 25完美通关代码：

Python：

```
build()
forward(4)
right()
forward()
```

C++：

```
#include <bits/stdc++.h>
using namespace std;
int main()
{
    build();
    forward(4);
    right();
    forward(1);
    return 0;
}
```

按下运行按钮，啊哈沃德的双手中也射出了源码光束。在他和英菲妮特的共同努力下，地面的缺口很快被填平。他们继续前进了4步，经过一个向右的转弯，又前进了1步，便通过了这条狭窄的小巷。

全息眼镜中突然出现了新的来电提醒。啊哈沃德还没来得及做出反应，来电就自动接通了，视线中出现了源码实验室管理员林克的脸。他头发蓬乱，看上去有些狼狈。而他的脸上，燃烧着显而易见的怒火。

"听着，小子！我知道你篡改了数据通道的坐标，逃进了数据都市。我的冗兵已经包围了那里，你们别想逃走。给你最后一次机会，乖乖把我的样本送回来。否则，等冗兵抓到你，我保证它们会让你求生不得，求死不能！"

"什么？你派出冗兵进攻这座城市？你简直疯了！"啊哈沃德简直不敢相信自己的耳朵。

没有回答。全息眼镜闪烁了两下，林克已经断开了连接。

"不！林克把他的数据怪物放到了城市中，他会毁掉这座城市的。"英菲妮特双手抱头，痛苦地说，"我给这座城市带来了灾难，也许当初选择逃跑就是一个错误的决定。"

"别傻了。你也看到林克疯狂的一面了。把你留在实验室，只会让他制造出更多的数据怪物。"啊哈沃德安慰道，"现在不是后悔的时候，我们必须行动起来，不但要摆脱林克的追捕，还要找到打败冗兵的方法！"

从小巷中穿出，他们来到一个宽阔的广场。"CENTERSHOP"的电子广告牌显示，这里是城市中心的大型商场。但现在整座广场空无一人，只有散落一地的货物，显示这里曾经人来人往。地面也破损不堪，短短的一条道路上竟然出现了四个缺口。它们如同巨颚，把整条路啃食得支离破碎。

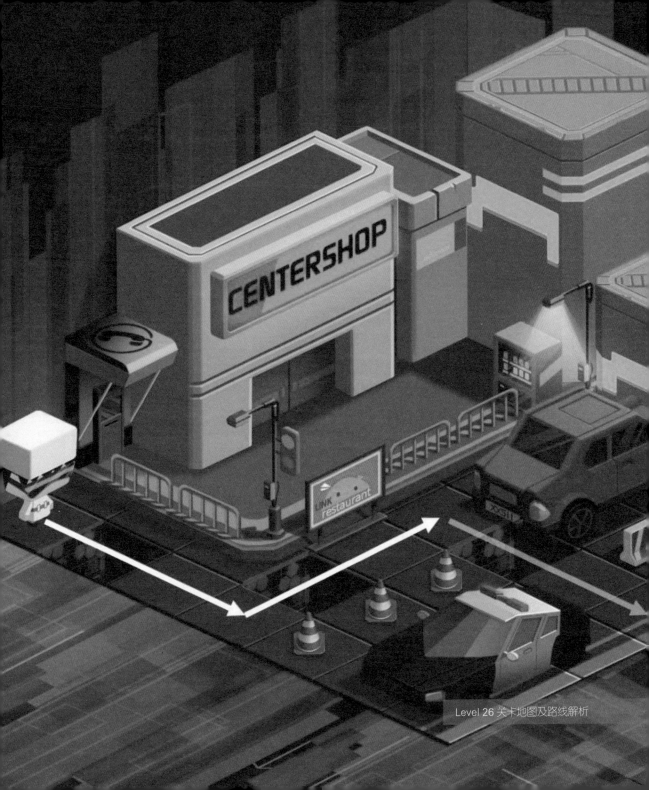

Level 26 关卡地图及路线解析

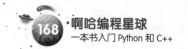

"林克让冗兵进入数据都市，破坏了这个区域的稳定。乱码已经开始渗透到这个城市里了。"英菲妮特皱着眉头说，"这样下去，这片区域也许很快就会坍塌，我们必须赶快离开。"

"从这儿走吗？"啊哈沃德看着前方支离破碎的道路，有点犯怵。

"不要害怕，你已经掌握了循环的大部分技能，现在只要活学活用就好了。找到这些缺口的分布规律，把建造代码插入循环，这样就能轻松通过这里了。"英菲妮特鼓励道。

啊哈沃德脸微微一红。是啊，这些关于代码的知识自己都已经学过了。只是英菲妮特在身旁的时候，总是习惯性地依赖她，懒得自己思考而已。既然自己偷懒的小心思已经被揭穿，啊哈沃德不得不硬着头皮自己思考。仔细分析一遍路线之后，啊哈沃德发现，想要通过这里还真没有看上去那么难。

首先整段路线可以分成重复的两部分，通过一个2次的循环就可以实现。然后在每一部分路线中，需要依次前进3步、左转、前进3步、右转。最后，考虑到路上无处不在的缺口，需要在每个转角处先用建桥技能把它填上。这样一来，完整的代码就形成了。

Level 26完美通关代码：

Python：

```python
for i in range(2):
    build()
    forward(3)
    left()
    build()
    forward(3)
```

```
        right()
```

C++:

```cpp
#include <bits/stdc++.h>
using namespace std;
int main()
{
    for (int i = 1; i <= 2; i++)
    {
        build();
        forward(3);
        left();
        build();
        forward(3);
        right();
    }
    return 0;
}
```

他们走过街角的电话亭，经过红绿灯，绕过商场的大门口，还经过了一辆废弃无人的警车。远处昏暗的路灯下，隐约可以看见蓝色三角脑袋的怪物在徘徊。林克已经把他的数据怪物放出来了，啊哈沃德知道，他们必须尽快逃走，否则将无路可逃。

当他们转进另一条破旧的小巷时，一阵剧烈的震动传来，房屋摇晃、地面塌陷，一块块砖块分崩离析，落入深不见底的数据之涧。

Level 27 关卡地图及路线解析

　　啊哈沃德和英菲妮特缩在墙角，躲避坠落的砖块和碎石。良久，等待震动完全停止，才重新站起身来。

　　"刚才发生了什么？"啊哈沃德心有余悸地问。

　　"是数据世界的地震，坍塌已经开始了，这里正变得越来越不稳定。"英菲妮特回答。

　　地震在小巷上留下了连续的缺口，形成一道3格长的鸿沟。砖块和杂物堆积在小巷的尽头，把地面的道路完全堵死了。绕过小巷，可以看到一座两层的小楼经由一条走廊连接，通向城市的屋顶。只是受到刚才地震的影响，这条走廊也从中间断裂开来。

　　"怎么办？看来下面的道路都被堵死了。"啊哈沃德问。

　　"看来只能从楼上走了。虽然地震中的楼房很不安全，但是如果被困在这里会更加危险。我们得抓紧时间，在下一次地震到来之前离开这里。"

　　没有时间犹豫了，紧张感让啊哈沃德的大脑高速运转，飞快规划着前进的路线。前方有连续3格缺口，可以使用一个3次的循环，每次建桥1格，前进1格。走到前方道路被堵住的地方需要左转，再前进3步，这样就能到达小楼的门口了。从楼梯上到二楼，在二楼也需要先用建桥和前进的循环来补齐走廊的断开部分，然后在走廊尽头处左转，再前进3步。在楼下和楼上的行走过程是一样的，因此也可以使用循环来简化代码。这样一来，就能得到完整代码了。

Level 27完美通关代码：
Python：

```
for i in range(2):
    for i in range(3):
```

```
        build()
        forward()
    left()
    forward(3)
```

C++：

```cpp
#include <bits/stdc++.h>
using namespace std;
int main()
{
    for (int i = 1; i <= 2; i++)
    {
        for (int i = 1; i <= 3; i++)
            build();
            forward();
        left();
        forward(3);
    }
    return 0;
}
```

他们通过破损不堪的巷子和摇摇晃晃的走廊，终于登上了城市的屋顶。

"哇，这里真漂亮！"英菲妮特突然发出感叹。

啊哈沃德循声望去，小女孩正趴在屋顶的一处围栏边，俯瞰着这座城市。雨已经停了，空气中还留着潮湿的气味。放眼望去，建筑物鳞次栉比，霓虹灯五光十色。啊哈沃德

突然想起自己刚进入Aha Planet时，也被这里的流光溢彩给震惊了。

"你之前没有来过这里吗？"啊哈沃德问。

"没有。"英菲妮特说，"从我有记忆开始，一直生活在数据废墟中，那里只有灰色的金属和棕色的铁锈。再到后来，我就被抓进了林克的实验室。我从来不知道世界上竟然有这么多的色彩。"

真是不幸呢，啊哈沃德心想。想起自己衣食无忧、各种娱乐设备一应俱全的生活，不由得对眼前的小女孩感到一阵同情。

"这种事情不会再发生了。"啊哈沃德安慰道，"我们绝对不会再被林克抓回实验室了，让我们继续前进吧。"

屋顶上的行程并没有想象中的困难。地震造成的缺口似乎还没有影响到这里，但房屋与房屋之间的间隙仍然需要靠建造浮桥来通过。

经过了在Aha Planet中的反复练习，分析前进路线对啊哈沃德来说已经是小菜一碟了。整条路线可以拆分为4段，包括3段重复的"Z"字形路线和1段单独的前进路线。重复的"Z"字形路线可以用循环来完成，其中每次循环的过程是，前进3步、左转、建桥、前进3步、右转、建桥。经过3次循环之后，最后再前进2步就能够到达远处建筑物的屋顶了。想好逻辑思路，啊哈沃德拉出虚拟键盘，写出了完整的代码。

Level 28完美通关代码

Python：

```
for i in range(3):
```

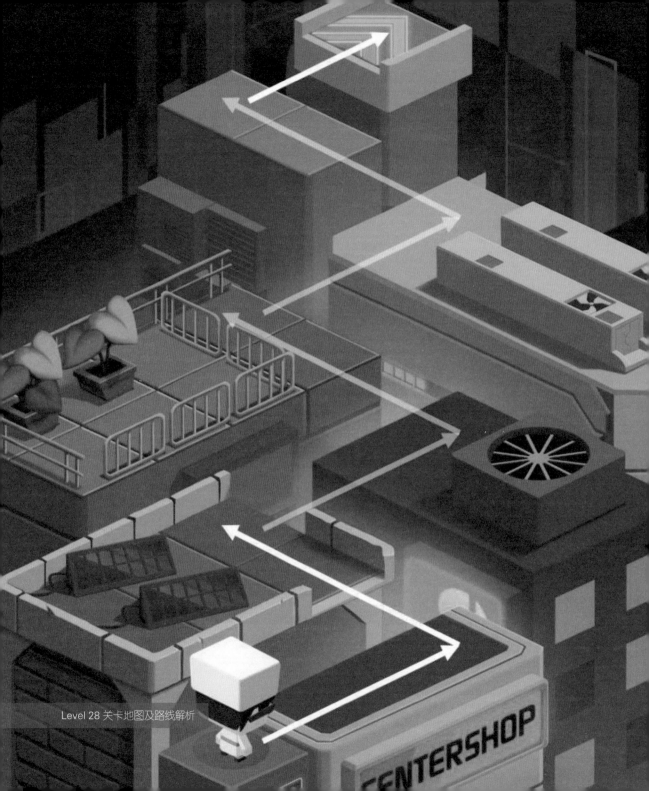

Level 28 关卡地图及路线解析

```
    forward(3)
  left()
  build()
  forward(3)
  right()
  build()
forward(2)
```

C++:

```cpp
#include <bits/stdc++.h>
using namespace std;
int main()
{
    for (int i = 1; i <= 3; i++)
    {
        forward(3);
        left();
        build();
        forward(3);
        right();
        build();
    }
    forward(2);
    return 0;
}
```

就这样，啊哈沃德和英菲妮特一边建桥一边前进，穿梭在数据都市的屋顶之间，在五彩缤纷的霓虹灯下留下了长长的身影。

他们却不知道，自己的一举一动早已落入了林克的监视之中。这位源码实验室的管理者面露狰狞，在终端主机前敲下几行代码，然后按下了确认按钮。

毫无征兆地，啊哈沃德的全息眼镜中突然出现了一长串红色警报。

警告，检测到异常进程！

警告，系统遭到入侵！

警告，防御系统失效。入侵者正在尝试获取系统管理权限。

系统管理权限移交完成，执行锁定指令。

不到一秒钟，所有技能栏、输入框和显示区间全部被锁死。啊哈沃德的眼前逐渐暗淡，最后变成一片漆黑，林克面带冷笑的样子随即出现。

"小子，看起来你并没有悔改的觉悟啊！那么就让你感受一下强硬的手段吧，让你知道惹怒我的后果！"

啊哈沃德猝不及防，扑通一声跌倒在地，再也动弹不得。他的意识仍然清醒，但整个人仿佛被封印进了一尊石像当中，连一根手指都动不了。

"你对我做了什么？施了定身咒吗？"啊哈沃德"吐槽"道，"拜托，这里是科技世界，使用这些乱神怪力真的好吗？"

"少给我油嘴滑舌，老老实实地待着吧！我已经获得了你的位置坐标，冗兵一会儿就会找到你们。到那时，我再跟你们好好算账。"

身旁传来英菲妮特的惊呼声。啊哈沃德感觉到她在担心地摇晃自己的身体。一个可怕的念头出现在他的脑中。林克已经获得了自己的位置坐标，冗兵很快就会找到这里来。如果她还待在自己身边的话……

"快跑啊！不要管我了！"啊哈沃德在心中大声呼喊……

# 编程星系漫游指南
## 漂亮的代码

亲爱的读者，如果你跟随着啊哈沃德的脚步逃出了混乱的数据之涧，那么恭喜你已经掌握了编程中几个重要的概念：顺序结构、循环结构和循环嵌套。在启程面对 Aha Planet 中的更多挑战之前，让我们先放慢脚步，在漂亮的数据都市中逛一逛，顺便来聊一个轻松的话题：漂亮的代码。

什么？代码不都是用电脑敲出来的吗？怎么还分漂亮不漂亮？

这里就需要解释一下：程序员们眼中漂亮的代码，指的是思路清晰、格式整齐、易于读懂的代码。当然，里面的 bug 尽量少也是基本要求哦。

试想一下，如果这本书思路混乱，废话连篇，错误百出，几百页内容既不分章节也没有换行，会怎么样呢？你大概看上一两页，就会在心中暗骂"写的什么东西"，然后把书扔到一旁了吧。

这正是 A. H. A. 的教官们在教授编程时最常见的问题。经常会有新手黑客拿着代码来问我："老师，为什么我的程序报错了？"我需要花费大半个小时来整理他的代码思路和格式，最后才发现不过是某个地方少了一行语句或一个标点。如果养成良好的编程习惯，这样的问题是完全可以避免的。

那么，怎样才能养成良好的编程习惯，写出漂亮的代码呢？对于初学者来说，以下几条可以供大家参考。

1. 思路清晰：开始写代码之前，脑海中一定要有清晰的思路。这样可以有效避免代码中出现重复冗余的语句、不明所以的逻辑和各种谜之 bug。

2. 格式规范：合理地换行、缩进、使用标点符号，尽量不要把不同的语句写在一行里。

这样不但方便自己检查调试，也能让读者一目了然地看出每行代码要表达的意思。

3. 适当注释：注释是代码中留给程序员看的解释说明。当程序变得复杂时，合理使用注释可以帮助人们更加容易地了解代码表达的意义。Python 中的"#"符号和 C++ 中的"//"符号可将本行文字设置为注释内容。

最后，引用《啊哈 C 语言！逻辑的挑战》中的一句话作为本节的结尾："编程是一门艺术，我们需要追求简捷、高效且优美的代码，一名优秀的程序员往往也是一名艺术家。"

## 02 高级黑客

英菲妮特敏锐地察觉到四周气氛的异常，沉重的脚步声正在向他们逼近。她连忙把动弹不得的啊哈沃德拖进屋顶的小角落，自己也藏了进去。

轰隆，轰隆，脚步声越来越近，已经到了与他们的藏身处近在咫尺的地方。英菲妮特把身子缩得更紧，连大气都不敢喘。源码实验室中那些可怕的经历再次浮现在脑中，如果被这些冗兵抓住，就会再一次被关进那个密不透风的培养间，被抽走数据能量，用来制造可怕的数据怪物……但这真的是自己感到害怕的原因吗？经受过那样的对待，尽管失去了自由，但仍然能作为一个实验样本而活着。然而，对于啊哈沃德就不一样了。那个疯狂的人工智能林克一直对人类抱有敌视态度，如果啊哈沃德落入他的手中……英菲妮特发现自己的人工智能逻辑中出现了奇怪的地方。根据理论计算，目前情况下的最优策略无疑是丢下啊哈沃德，独自逃走。但她体内的每一个运算单元都不假思索地否定了这个选项。她没有抛下啊哈沃德独自离开，不再执行理论计算的那些冰冷结论，而是让某种名为"情感"的东西主导了自己的行为。

一声沙哑的低吼打断了英菲妮特的思绪。布满鳞甲的蓝色手臂伸进藏身处，一把抓住了她。英菲妮特惊慌四顾，发现四个冗兵已经包围了他们所在的屋顶，他们最终还是无路可逃。

"放开我！"英菲妮特拼命挣扎，用拳头捶打冗兵的手臂。然而，任她拳头捶得生疼，强壮的冗兵仍然不动分毫。第二个冗兵也走了过来，把她的胳膊反拧到身后，让她再也无法挣扎。另外的两个冗兵则走向动弹不得的啊哈沃德，把他拖出藏身处，然后启动了手中的电击枪。

"不！"英菲妮特惊呼起来。它们在执行毁灭程序，想要抹除啊哈沃德在数据世界中的存在！她更加使劲地挣扎，如果自己体内还残留源码之力的话，她愿意毫不犹豫地释放出来，哪怕那会让自己再度陷入危险。然而，她的力量早已在数据之涧消耗殆尽了。她只能眼睁睁地看着冗兵的电击枪迸发着危险的火花，刺向啊哈沃德……

"唰！唰！"两声破空声传来。两个冗兵的背后突然被黏上了一颗银色的金属小球。它们愣了一下，还没来得及反应，小球上的微型红色指示灯便闪烁起来，伴随着"滴滴"的轻响，小球突然爆炸，产生了一个虚空旋涡，把它们整个吸了进去。

英菲妮特朝小球掷来的方向看去，只见不远处的一座高楼上，伫立着一个孤傲的身影。黑礼帽、黑西装、白手套，衣着相当考究。而他的头上，带着和啊哈沃德一样的全息眼镜。

抓住她的冗兵也发现了黑衣人。它们扔下手中的猎物，拔出电击枪，怒吼着朝黑衣人冲去。黑衣人却不以为然地侧了侧头，突然从高处一跃而下。他手中出现两道淡蓝色光刃，借着下坠的冲力，刺穿了一个冗兵厚厚的鳞甲。不等它一命呜呼，黑衣人旋即侧身，躲过另一个冗兵刺来的电击枪，顺势抓住它那被鳞片覆盖的胳膊，一个过肩摔，将它从楼上扔了下去。

一切在转瞬之间完成。在惨叫声和沉重的撞击声中，两个冗兵齐齐化作乱码，在空气中消失不见。黑衣人拾起地上的光刃，将其插回腰间，然后转向英菲妮特："看上去我来得正是时候。"

啊哈沃德的全息眼镜中闪烁起"系统重启中"的淡蓝色提示框。片刻之后，五彩缤纷的数据都市重新出现在他的眼前。他先试着动了动身子，又伸了个懒腰。当他看到那个关键时刻伸出援手的黑衣人时，激动地一下蹦了起来："哇！你是那个A. H. A.特工。太帅

了太帅了！能不能帮我签个名？"啊哈沃德紧紧抓住他的手，眼睛里满是"崇拜的星星"。

这突然的举动倒是让黑衣特工摸不着头脑了，他仔细打量啊哈沃德良久，终于开口："你谁啊？"

"我叫啊哈沃德，是Aha Planet的一名玩家。我大概是今天晚上登录进来的。我是说，现实世界里的晚上。我一上线，就掉进了那个什么源码实验室，然后……"

啊哈沃德滔滔不绝地自我介绍，想把自己的传奇冒险经历在偶像面前一口气讲完。然而黑衣特工却只心不在焉地听了一会儿，就忍不住打断了他："所以你只是个局外人？"

"什么局？什么人？"啊哈沃德一愣。

"没事，祝你游玩愉快。我要继续执行任务了。"说完，他冷不防地突然伸手，一把抓住英菲妮特将她背在背后，向远处的建筑物屋顶跳去。

"你干什么？"啊哈沃德差点没反应过来。亏他还把这个A．H．A.特工当作偶像，怎么他的目标竟也是抓走英菲妮特？

迟疑之间，黑衣特工已经带着英菲妮特越过了眼前的屋顶。这里似乎是一家高档餐厅屋顶的空中花园，摆放整齐的餐桌和椅子之间，点缀着赏心悦目的绿色植物。若是在平时，这里应该充满了可口的美食和饥肠辘辘的食客吧。但现在整个屋顶空空如也，只有几个由于地震留下的缺口，挡住了前进的道路。

眼见黑衣特工越跑越远，啊哈沃德立刻开始分析追赶的路线。如果以那些缺口作为标记，整条路线可以分成5段，其中前2段是重复的，需要依次前进2步、左转、前进1步、右转，而后面3段是重复的，需要依次前进2步、右转、前进1步、左转。这两部分可以分

LUCY COOL! RESTAURANT SUPER STAR!!

别用两个不同的循环来实现。这样想着，啊哈沃德开始把逻辑思路转化成代码。

Level 29完美通关代码：

Python：

```python
for i in range(2):
    build()
    forward(2)
    left()
    forward()
    right()
for i in range(3):
    build()
    forward(2)
    right()
    forward()
    left()
```

C++：

```cpp
#include <bits/stdc++.h>
using namespace std;
int main()
{
    for (int i = 1; i <= 2; i++)
    {
        build();
        forward(2);
```

```
        left();
        forward(1);
        right();
    }
    for (int i = 1; i <= 3; i++)
    {
        build();
        forward(2);
        right();
        forward(1);
        left();
    }
    return 0;
}
```

来不及仔细检查，啊哈沃德就按下了运行按钮。他立刻奔跑起来，踩过刚被填好的缺口，撞开挡路的桌椅，紧追在黑衣特工的身后。

"站住！"啊哈沃德大喊。

黑衣特工察觉到身后的动静，回过头来。他的脸上露出一抹诧异的神色。然后，他伸出食指，指了指楼下，又竖到嘴前比了一个小声的手势。

他在提醒自己小声，不要惊动街道上搜查的冗兵。啊哈沃德意识到，他和林克不是一伙的。但他为什么也要抓英菲妮特？怎么Aha Planet上的每个人都想把她抓走？

就在啊哈沃德愣神的时候，黑衣特工已经跑到了空中花园的尽头。只见他身影一闪，拐进了一座相邻的建筑物里。当他的身影重新出现时，已经在建筑物另一端一条狭窄的走廊上了。走廊的两侧没有护栏，看上去十分危险。而数据地震更是让它变得颤颤巍巍，中间有几段甚至断成了两截。不过这倒没有给黑衣特工造成什么阻碍。他背着英菲妮特，轻松地三蹦两跳，就消失在了走廊的另一端。

这可让啊哈沃德犯了难。人家是身手了得的专业特工，走在悬崖峭壁上都如履平地。自己可没这本事，想要追上他，只能从已经学会的知识中想办法了。可以通过循环来简化前进的代码，而地面的缺口和断裂的走廊就用建桥来修复吧。他一边想着，一边开始分析眼前的路线。

首先，整条路线可以分成两段，从空中花园进入建筑物和从建筑物出来后的狭窄走廊。如果仔细观察，会发现这两段路线都呈相同的"Z"字形，通过每个"Z"字形需要依次前进、右转、建桥、前进、左转、前进。如果采用循环嵌套的话，这段代码很容易得到。

Python：

```python
for i in range(2):
  for i in range(2):
        forward()
        right()
        build()
        forward()
        left()
        forward()
```

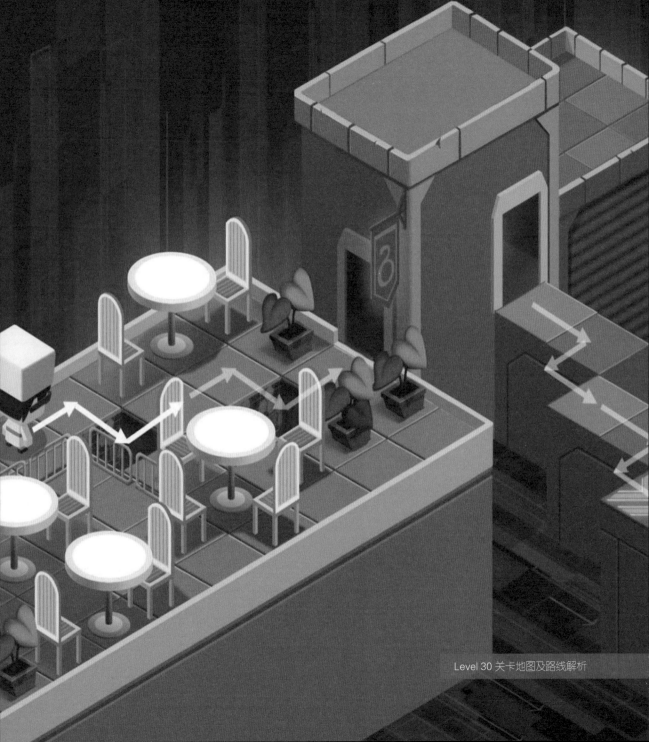

Level 30 关卡地图及路线解析

C++:

```cpp
#include <bits/stdc++.h>
using namespace std;
int main()
{
    for (int i = 1; i <= 2; i++)
    {
        for (int i = 1; i <= 2; i++)
        {
            forward(1);
            right();
            build();
            forward(1);
            left();
            forward(1);
        }
    }
    return 0;
}
```

　　这段代码还能够化简吗？啊哈沃德注意到，在重复2次的外层循环中，除了内层循环将"Z"字形路线重复2次，没有其他内容了。也就是说，这段循环嵌套代码执行的操作，就是将这段"Z"字形路线重复了2×2=4次，在这种情况下，可以将其简化为一个简单的4次循环。

Level 30完美通关代码：

Python：

```python
for i in range(4):
    forward()
    right()
    build()
    forward()
    left()
    forward()
```

C++：

```cpp
#include <bits/stdc++.h>
using namespace std;
int main()
{
    for (int i = 1; i <= 4; a++)
    {
        forward(1);
        right();
        build();
        forward(1);
        left();
        forward(1);
    }
    return 0;
}
```

仔细检查了一遍代码，确定没有出错之后，啊哈沃德按下运行按钮。他先重复了两遍"Z"字形，穿过了空中花园来到建筑物，然后又重复了两遍"Z"字形，通过了建筑物的狭窄走廊，这样一来，一共循环了4次"Z"字形的部分，便通过了眼前的路线。

啊哈沃德大口喘着粗气。短途的追逐已经让自己和专业特工之间的差距一览无余。而当他再次看向黑衣特工逃跑的方向时，更是泄气了一大截。

他们已经穿过了那些大型建筑群，来到了一片崎岖的平房区。这里的路线狭窄而曲折，如同纠缠在一起的毛线般弯弯绕绕。再加上地震留下的缺口，更是让前进的道路变得艰险万分。

"不是吧？！"啊哈沃德叹了口气，"在屋顶上玩跑酷[1]很危险好不好？！"

黑衣特工已经跃到了第三座建筑物的屋顶上，他回头望向啊哈沃德，赞许地点了点头，然后对他做了一个"跟上"的手势。

这是什么意思？啊哈沃德又是一愣。难道他的目的不是抢走英菲妮特，而是把他们带向某个地方？这样想着，他顾不上身体的疲惫，开始分析前进的路线。

眼前的路线也可以分成两段较长的"Z"字形和两段较短的"Z"字形。通过较长的"Z"字形需要前进2步、左转、前进3步、右转、建桥、前进2步、左转。而通过较短的"Z"字形则需要前进2步、左转、前进1步、右转、建桥、前进2步、右转。需要注意的是，在这两部分路线中，中间段的前进步数和最后的转弯方向是不同的，如果不注意区分而写在同一个循环中的话，恐怕就会迈错方向，跌到楼下。不过，分别用两个不同的循环来实现就没有问题了。整理清楚思路之后，啊哈沃德拉出虚拟键盘，写出了完整的代码。

---

1　跑酷：一种在城市街头奔跑和跨越障碍物的极限运动。

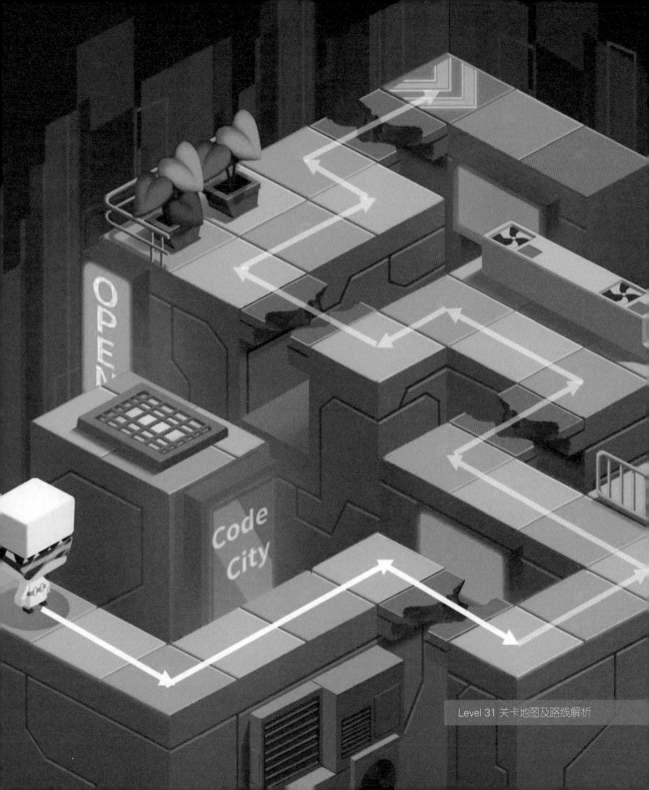

Level 31 关卡地图及路线解析

Level 31完美通关代码：

Python：

```
for i in range(2):
    forward(2)
    left()
    forward(3)
    right()
    build()
    forward(2)
    left()
for i in range(2):
    forward(2)
    left()
    forward()
    right()
    build()
    forward(2)
    right()
```

C++：

```cpp
#include <bits/stdc++.h>
using namespace std;
int main()
{
    for (int a = 1; a <= 2; a++)
    {
```

```
        forward(2);
        left();
        forward(3);
        right();
        build();
        forward(2);
        left();
    }
    for (int a = 1; a <= 2; a++)
    {
        forward(2);
        left();
        forward(1);
        right();
        build();
        forward(2);
        right();
    }
    return 0;
}
```

　　黑衣特工站在屋顶的尽头，如同一尊冷峻的石雕。他已经停下了脚步，似乎是在等待啊哈沃德。

　　"等……等一下！啊！终于赶上了，累死我了！"啊哈沃德气喘吁吁地赶上。经过这一段激烈的追逐，他已经连呼吸都感到费劲了。而黑衣特工的脸上竟然看不到一丝疲态。幸好对方并没有真的打算与自己为敌，否则如果他现在出手，恐怕自己连反抗的机会都没

有了吧。

"干得不错！作为一名新手，能够跟上，说明你有很好的天赋。"黑衣特工扬起头，对啊哈沃德称赞道。

"你到底是谁？还有，你的任务是什么？别告诉我你这么大费周折，只是为了和我赛跑。"啊哈沃德质问道。

"我的名字是坦普，如你所见，我是高阶黑客管理局A.H.A.的一名特工。"黑衣特工说着，指了指身边的英菲妮特，"而我的任务，就是把她带回A.H.A.总部。"

啊哈沃德这才注意到英菲妮特的异常。小女孩目光呆滞，全身一动不动，如同被关闭了机能，封印在一尊石像中。而这样的状况，啊哈沃德是再熟悉不过了。

"糟糕，难道她也中了林克的定身咒？"啊哈沃德焦急地问。

"你们中的不是什么定身咒，而是来自源码实验室的电脑病毒。"黑衣特工坦普解释道，"这是林克常用的一种手段。当你们进入源码实验室时，他就偷偷在你们的系统中植入了电脑病毒。通过这种病毒，他不但能够窃取你们的数据信息，还能够修改和破坏你们的系统文件。通过发送简单的命令，他就能远程锁定你们的操作系统，让你们动弹不得。"

说着，他在英菲妮特身边蹲下，伸手拉出一个虚拟屏幕，在其中输入了几行代码。屏幕中出现了一个绿色的进度条，开始缓缓地前进。

"我正在清除你们感染的电脑病毒，并且帮你们的操作系统安装反病毒软件。以后林克再也不能随心所欲地控制你们的操作系统了。"坦普说，"而在这段时间里，让我告诉你Aha Planet上正在进行的秘密战争的内幕。"

## 编程星系漫游指南
## 电脑病毒

什么？电脑病毒？电脑也会生病吗？它们生病之后会不会传染给人类？

哈哈，不要担心。计算机科学中的电脑病毒（Computer Virus）和医学上发烧感冒的病毒可不是一个东西。它们不是自然界中天然存在的物质，而是人为编写在计算机程序中，能够影响计算机使用，破坏计算机数据和功能的指令和代码。换句话说，电脑病毒是人类通过编程创造出来的。

但是，人类为什么要创造电脑病毒呢？这一切还得从几十年前，计算机行业刚刚兴起时说起。1987 年，一对巴基斯坦兄弟巴斯特和阿姆捷特从事电脑设备和软件销售工作，他们发现自己编写的程序经常被盗版。为了对付这种现象，他们编写了一款防盗版程序 C-Brain。当人们盗版他们的软件时，程序就会被触发，把复制者的剩余硬盘空间全部占用。C-Brain 会随着盗版软件同时被传播，并且对计算机产生破坏，被认为是全球最早出现的电脑病毒。

尽管最早出现的电脑病毒的目的是反盗版而非恶意攻击，但潘多拉魔盒[1]一旦被打开，各种电脑病毒就纷纷被发明，给全球范围内的计算机用户带来了不可估量的损失。这些病毒包括攻击计算机硬件的 CIH 病毒、通过电子邮件传播的"爱虫"病毒、变种极多的"熊猫烧香"病毒、强制计算机关机的"冲击波"病毒、锁定用户文件数据的"勒索"病毒、盗取各种网络账号的"木马"病毒等。连 A. H. A. 的新手小黑客，都学会了用 shutdown 命令编写关机病毒，简直不能忍！话说回来，想要成为合格的程序员和小黑客，掌握必要的网络安全常识是不可或缺的。我们应该如何预防电脑病毒呢？做到以下几点，就能够有效减少电脑病毒对我们的危害。

---

1　潘多拉魔盒：希腊神话中装着祸害与灾难的盒子。

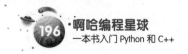

1. 安装网络防火墙和杀毒软件，定时更新病毒库。

2. 不随意安装来历不明的软件，不要访问可疑链接和不安全网站。

3. 定期进行电脑杀毒，发现病毒立刻清除，定期备份重要数据文件。

好了，以上是关于电脑病毒的常识科普。话说 A. H. A. 特工坦普已经帮啊哈沃德和英菲妮特清除了源码实验室的电脑病毒，他们再也不会受到林克的远程控制了，那么接下来在 Aha Planet 中又会发生什么呢？让我们……等等……谁在交上来的代码里写了关机病毒？我的稿子还没保存啊！！！

## 03 林克的陷阱

"你觉得人工智能是什么？"坦普问啊哈沃德。

"嗯……大概是某种人工的智能？"啊哈沃德愣了一下，回答道。这个词他早就耳熟能详，经常出现在课堂上、电视新闻里、大人们的对话中。他也知道身边那些给自己带来便利的现代化工具：无人驾驶汽车、指纹/人脸识别锁、家政机器人、自己正在使用的光脑全息成像装置等，全部都是人工智能设备。但他似乎从来没有仔细思考过它们到底是怎么工作的。那句话怎么说来着，会做煎蛋就行了，不用在意鸡蛋是怎么生下来的。

"如果这样想，恐怕你会一直停留在初级玩家的水平上。"坦普扬起嘴角，揶揄啊哈沃德。啊哈沃德的脸微微一红。坦普接着说："人工智能是人类用计算机技术对人的智能进行的研究和模拟。1950年，英国科学家艾伦·图灵提出'图灵测试'，即通过提问的方式判断机器是否具有智能。1956年，在美国达特茅斯大学学术会议上，'人工智能'概念首次被正式提出。"

"哇，那是好久好久以前的事了啊。"啊哈沃德感叹。1946年，第一台通用计算机埃尼阿克才诞生，原来从那时起，人类在人工智能领域探索的脚步就已经迈出。

坦普点了点头，继续说："人工智能的发展历程曲折起伏。早期的人工智能是完全由人类编写的程序控制的，相当于我们手把手地告诉它们应该做什么[1]。这样设计的人工智能能够解决数学计算、文字识别等规则简单的问题，但在面对复杂问题的时候，却在效率和性能方面表现出了不足。后来，人类逐渐意识到，与其一步步地教计算机做什么，不如

---

1  20 世纪 70 年代之前的人工智能主要是采用"工程学方法"或"自上而下"的方法设计的。

赋予它们自己进行思考和学习的能力。于是，我们开始改变设计思路，尝试通过模拟人类智能产生的方法，赋予计算机自主学习的能力[1]"。

"这听上去就像一个孩子在小时候需要父母手把手教他吃饭、走路，而当他长大之后，就能够自己从书本和练习中学习知识了。"啊哈沃德说。

"把人工智能比喻成人类的孩子吗？这个比喻听起来不错。"坦普说，"但是你有没有想过，如果孩子继续长大会发生什么？"

"也许他会进入叛逆的青春期，和父母大吵大闹，甚至离家出走？"啊哈沃德不确定地说。

"这正是我们现在所面临的问题。"坦普的语气突然变得严肃起来，"人工智能发展至今已有一千多年，按照你的比喻，它们的社会群体正处在叛逆的青春期。它们中的一些智能等级较高的个体，已经发生了自我意识的觉醒，并且正在试图改变人工智能与人类的关系。"

"比如林克？"不用问，啊哈沃德都能猜到坦普指的是谁。

"林克是自我意识觉醒的人工智能中的代表，也是高阶黑客管理局A.H.A.通缉犯中最恶劣的一个。他建立了源码实验室，非法进行危险的实验，企图组建人工智能军队，用来推翻人类的管理。"

啊哈沃德想起源码实验室中林克与坦普对峙时说的话。他警告人类不要插手他的事

---

1　21世纪的人工智能主要是采用"模拟法"或"自下而上"的方法设计的。这种方法涉及的技术包括遗传算法、神经网络等。

情，还说他将会给Aha Planet带来翻天覆地的改变。

"A.H.A.得到的最新消息是，林克捕获了一个相当高级的人工智能个体，试图通过解析她的数据结构来改造自己的人工智能军队。如果成功了，他将能够获得数据世界的统治权，并带领所有人工智能一起来反抗人类。"坦普说着，指了指躺在地上正在安装杀毒软件的英菲妮特，接着说，"因此，A.H.A.的首要任务就是解救这个人工智能个体，一定不能让她落入林克手中。"

又过了一会儿，虚拟屏幕中的进度条终于达到100%。英菲妮特轻轻挣扎了几下，然后缓缓睁开了眼睛。

"刚才发生了什么？"她眨了眨水灵灵的眼睛，问道。

啊哈沃德看着她，感觉心中有些复杂。她不也是高级人工智能吗？在她心中，人类和人工智能的关系又是什么样的呢？

"我彻底清除了你们操作系统中的电脑病毒。"坦普说，"现在，我们必须继续前进，前往星球上的A.H.A.秘密基地，然后通过数据传送节点回到现实世界的A.H.A.总部。希望一切为时未晚。"

屋顶的路已经到了尽头，他们必须回到地面继续前进。令人奇怪的是，尽管刚才经历了猛烈的数据地震，这里的走廊和地面看上去却安然无恙，完全不像之前那样千疮百孔。

"这个街区的建筑物看上去质量不错啊，不像之前的豆腐渣工程。"啊哈沃德挺高兴，一边说着，一边向前迈出一步。然而就在这时，"咔嗒"一声从脚下传来，走廊的地面突然断裂，露出一个巨大的缺口。

"小心！"英菲妮特惊呼出声。与此同时，坦普眼疾手快，一把拉住啊哈沃德，没让他掉进数据之涧。

"刚才的话收回。这比豆腐渣还可怕，简直是豆腐脑。"啊哈沃德心有余悸地说。

"不！这样的缺口不是自然形成的，是林克设下的陷阱。"坦普突然说。

"什么？"啊哈沃德和英菲妮特异口同声地问。

"他恐怕已经知道了我们的目的地，因此在路上设下了陷阱。他在这些缺口的表面铺上不稳定的地砖，当我们走上去时，这些地砖可能会破裂，也可能不会。"坦普说。

"这样一来，如果我们不在代码中建桥，当地砖碎裂时，我们就会掉进数据之涧。而如果我们在代码中建了桥，但地砖并没有破裂，建桥的代码就会被卡住无法运行。这样，无论如何我们都不能用简单的代码快速通过这里了。"英菲妮特明白了坦普的意思。

"太好了，林克让我们把走路变成了扫雷[1]。"啊哈沃德说，"那该怎么办？难道我们要走一步看一步，一行一行地运行代码吗？"

"不，那样会严重拖慢我们的速度，正中林克的下怀。"坦普说，"让我教你一个新技能来应付这种情况。嘿，接着！"

他说着，向啊哈沃德扔来一个东西。啊哈沃德伸手接住，只听见"叮"一声，他的技能栏中一下子多出了两个新技能。其中一个是由短短两个英文字母组成的单词if，后面紧跟着一个括号。啊哈沃德认识这是"如果"的意思。

---

1 扫雷：一款电脑游戏，玩家需要根据线索，判断每一个格子里面是否有地雷。

新技能：if条件判断

Python代码：if():

C++代码：if()

技能效果：进行条件判断，决定后续代码是否执行

另外一个则像是地面上的裂缝，啊哈沃德调出翻译软件，查出它的意思是"破损"。

新技能：判断破损

Python代码：broken()

C++代码：broken()

技能效果：判断前方道路是否破损

英菲妮特发出一声惊呼："竟然是高级技能**条件判断**。"

"条件判断？"啊哈沃德一愣。

英菲妮特解释："条件判断是和循环一样的逻辑结构，也就是能够用来控制程序结构的。在Aha Planet上，程序执行方式主要分为三种：第一种是**顺序执行**，就是在通常情况下，计算机从上到下一行一行地执行每一条代码中的内容；第二种是**循环执行**，计算机会重复执行一部分代码的内容，用于处理重复或者有规律的任务。for语句就是让计算机循环执行任务的代码。"

英菲妮特继续解释："但有时候我们会面临更加特殊的情况。比如现在，我们不知道前方有裂缝的地面会不会塌陷。如果不塌陷，我们可以直接走过去；但是如果地面塌陷了，我们需要先搭建一座浮桥然后再通过。这时候，建桥不是程序必须执行的操作，而是需要根据情况来判断是否执行的操作。这时需要使用第三种程序执行方式：**选择执行**。计

算机根据条件来判断后续的代码是否应该被执行。if语句是控制计算机选择执行任务的代码。如果if中的条件满足，计算机会执行if后面的代码，如果条件不满足，计算机则会跳过这部分代码，不去执行它。"

"听上去很有道理的样子。"啊哈沃德挠着头说。

"我打赌他一句都没有听懂。"坦普说，"但是现在已经没有多余的时间解释了。先按照我教你的步骤来吧，等脱离眼前的困境后再慢慢练习。"

他打了个响指，一行if语句已经出现在啊哈沃德的代码框中。

Python：

```
if():
```

C++：

```
if()
{

}
```

"和for循环一样，if条件判断语句是无法单独执行的，想要让代码工作，需要加入两部分内容：判断条件和执行内容。对于当前的情况，我们需要判断面前的路是否能够通行，因此需要在小括号中填入判断条件。"坦普解释。

坦普又打了个响指，在if语句后面的小括号中填入了判断前方是否有阻碍的代码。现在啊哈沃德的代码框中的内容变了。

Python：

```
if broken():
```

C++：

```
if (broken())
{

}
```

"最后，我们需要填写执行内容。如果前方的地面塌陷，就需要使用build()代码来搭建浮桥。因此，我们需要把建桥的代码放在判断条件的下面。写法和循环内容是一样的，在Python下，它们应该放在if语句的下面，并且前面有4个空格或者1个tab的缩进。而在C++下，你需要把它们放在if语句后面的大括号中。"

Python：

```
if broken():
    build()
```

C++：

```
if (broken())
{
    build();
}
```

"这样一来，我们就能根据前方道路是否塌陷，来判断是否使用建桥技能了。注意那些有裂缝的地面，那就是林克设下的陷阱。现在，用你新学会的技能来通过这里吧。"坦普讲解完毕，用胳膊肘顶了顶啊哈沃德，把他推向前面。

welcome

CENTERSHOP

Level 32 关卡地图及路线解析

眼前是一个二层小楼，从这里下去，可以回到地面。啊哈沃德看着眼前的路线，需要前进3步，左转，使用条件判断技能来判断地面是否塌陷，最后再前进4步到达二楼的楼梯口。而地面的路线也是一样的，也需要前进3步，左转，使用条件判断技能来判断地面是否塌陷，最后再前进4步。这两个重复的部分，可以用循环来实现。这么想着，他已经写出了完整的代码。

Level 32完美通关代码：

Python：

```python
for i in range(2):
    forward(3)
    left()
    if broken():
        build()
    forward(4)
```

C++：

```cpp
#include <bits/stdc++.h>
using namespace std;
int main()
{
    for (int a = 1; a <= 2; a++)
    {
        forward(3);
        left();
        if (broken())
        {
```

```
            build();
        }
        forward(4);
    }
    return 0;
}
```

"怎么林克还会使用陷阱？人工智能变得这么阴险真的好吗？"啊哈沃德跟在坦普身后，一会儿小心翼翼地试探那些不稳定的地砖，一会儿气喘吁吁地填补缺口。他突然觉得这么问并不对，之前林克已经用电脑病毒暗算过他们一次了，既然有了第一次，第二次还会远吗？

"这正是人工智能可怕的地方。它们拥有强大的学习和运算能力。早在21世纪初，它们就已经能在各种棋类和智力竞赛中打败人类了。如果这种能力在控制之中，它们是能够创造客观价值的；而一旦失控，它们就会产生巨大的破坏性。"坦普头也不回地走在前面说，"林克学习了人类的狡猾、自私、残暴与贪婪，把它们储存在自己的数据库中。换句话说，他一个人，相当于人类历史上各种阴谋诡计的集合。"

"没那么严重吧。如果他真的那么厉害的话，怎么不在我们的必经之路上设置一些冗兵什么的呢？"

"嘘，它们已经在这了！"坦普把手指放在嘴边，做出小声的手势。

大家安静下来，仔细聆听。果然，在建筑物的门后面、路边的废车里，都能够听到怪物的低吼声，还有爪子不安刮擦地面的声音。

Level 33 关卡地图及路线解析

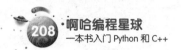

"怎么可能？"啊哈沃德突然感到脊背发寒。这就是人工智能的可怕之处吗？它们拥有强大的计算能力，可以抢在人类之前计算出所有行动的结果。面对这样的对手，我们还有什么胜算？

"返回屋顶已经来不及了，而且这里是必经之路。我们离A.H.A.秘密基地已经不远了。规划好前进路线，编写好代码之后，我们一起冲过去。"坦普说。

眼前是一个车站广场，然而啊哈沃德一眼就看出了这里的不正常。空无一人的广场上摆放着许多地桩和杂物，占据了大部分空间，只留下一条狭窄的通道，而如果仔细观察，还能看到林克已经在通道中布下了四处陷阱。分析了一遍路线之后，啊哈沃德发现只能把路线拆分成两个重复的部分。右转、前进2步、左转、判断是否建桥……啊哈沃德一边想着，一遍开始书写未经简化的代码。他心中知道这样写出来的代码也许不是最简单的，但当问题复杂又暂时没有简单思路的时候，不妨先用最"简单粗暴"的方法尝试一下。

Python：

```python
for i in range(2):
    right()
    forward(2)
    left()
    if broken():
        build()
    forward(2)
    left()
    if broken():
        build()
```

```
forward(2)
right()
forward(2)
right()
forward(4)
```

C++:

```cpp
#include <bits/stdc++.h>
using namespace std;
int main()
{
    for (int a = 1; a <= 2; a++)
    {
        right();
        forward(2);
        left();
        if (broken())
        {
            build();
        }
        forward(2);
        left();
        if (broken())
        {
            build();
        }
```

```
        forward(2);

        right();

        forward(2);

        right();

        forward(4);

    }

    return 0;

}
```

完整的代码一写出来，啊哈沃德就立刻发现了其中重复的部分。首先，前进2步、左转、判断是否建桥，这部分的代码重复了两遍，可以写在一个循环中。而后面的前进2步、右转，这两条代码也重复了两遍，可以写在另一个循环中。把这些重复代码合并之后，最简代码自然就出来了。

Level 33完美通关代码：

Python：

```
for i in range(2):

    right()

    for i in range(2):

        forward(2)

        left()

        if broken():

            build()

    for i in range(2):

        forward(2)
```

```
        right()
    forward(4)
```

C++:

```cpp
#include <bits/stdc++.h>
using namespace std;
int main()
{
    for (int a = 1; a <= 2; a++)
    {
        right();
        for (int a = 1; a <= 2; a++)
        {
            forward(2);
            left();
            if (broken())
            {
                build();
            }
        }
        for (int a = 1; a <= 2; a++)
        {
            forward(2);
            right();
        }
        forward(4);
```

```
    }
    return 0;
}
```

"准备好了吗？"坦普问。

"嗯！"啊哈沃德和英菲妮特紧张地点了点头。

"那我们走！"坦普说着，一马当先冲了出去。与此同时，林克埋伏下的冗兵也行动了起来。这些蓝色、三角脑袋、身体强壮的数据怪物从路边的废车和建筑物中一涌而出，朝着三人追赶过来。

"快！快一点！"英菲妮特手中射出源码光束，填补着地面上的缺口。

"小心！"啊哈沃德挡在英菲妮特身前，一拳打在逼近的数据怪物身上。他的手臂顿时因为剧痛而变得麻木，但相应地，怪物也被打得后退了两步。

"快走！不要和它们纠缠！"坦普向冗兵最密集的地方扔出一颗银色的小球。小球爆炸，爆炸产生的虚空旋涡把好几只冗兵都吸了进去，也暂时隔开了其他冗兵和他们三人。

"继续前进，传送入口就在前面，在那间水吧里。"

啊哈沃德紧张地观察着眼前的路线。水吧入口就在左手边，但道路被人工放置的护栏和障碍物隔断了，地面上也有多处可能塌陷的裂缝，看来需要综合使用循环结构和条件判断才能顺利通过了。啊哈沃德按照分解的思路，首先写出了一个初步的代码。

Level 34 关卡地图及路线解析

Python：

```
for i in range(2):
    forward(2)
    right()
    for i in range(2):
        if broken():
            build()
        forward(2)
        left()
    if broken():
        build()
    forward(4)
```

C++：

```
#include <bits/stdc++.h>
using namespace std;
int main()
{
    for (int a = 1; a <= 2; a++)
    {
        forward(2);
        right();
        for (int a = 1; a <= 2; a++)
        {
            if (broken())
            {
```

```
                build();
            }
            forward(2);
            left();
        }
        if (broken())
        {
            build();
        }
        forward(4);
    }
    return 0;
}
```

但这样的代码还是有点复杂，不但两次内层循环中包括条件判断、前进2步、左转的步骤，在外层循环里还有一次单独的条件判断。如果能够把这个单独的条件判断也合并进内层循环就好了，啊哈沃德心想。这样的话，就会通过内层循环进行3次条件判断、前进2步、左转，结束后再加上一个右转、前进2步，从而实现原来代码最后前进4步的功能。于是，啊哈沃德又对写好的代码进行了一番修改。

Level 34完美通关代码：

Python：

```
for i in range(2):
    forward(2)
    right()
```

```python
    for i in range(3):
        if broken():
            build()
        forward(2)
        left()
    right()
    forward(2)
```

C++:

```cpp
#include <bits/stdc++.h>
using namespace std;
int main()
{
    for (int a = 1; a <= 2; a++)
    {
        forward(2);
        right();
        for (int a = 1; a <= 3; a++)
        {
            if (broken())
            {
                build();
            }
            forward(2);
            left();
        }
```

```
        right();
        forward(2);
    }
    return 0;
}
```

确认代码无误后，啊哈沃德立刻按下了运行按钮。他们跌跌撞撞地跑过广场，冲破怪物的包围，一头冲进水吧的大门。坦普在身后重重地把大门关上，又从手中射出源码光束，在门后架起粗壮的加固条。

好不容易摆脱了怪物的追赶，三人终于有空喘口气。啊哈沃德环顾四周，这里是一间装饰相当精美的水吧，桌椅和墙壁都是淡紫色的，连空气中都飘荡着紫罗兰的香味。灯光柔和地照亮整个房间，桌上的杯中还有饮料。

"你们把A.H.A.秘密基地设在一间水吧里？"啊哈沃德不由得"吐槽"。

坦普也如释重负。

"为了隐蔽工作，这里只是一个远程入口，传送矩阵就在房间的中央，启动它就能把我们安全地传送到真正的A.H.A.秘密基地了。"他说着，快步走向房间中央的吧台。

然而就在这时，水吧的大门口传来一声沉重的闷响，数据怪物开始进攻了。

## 编程星系漫游指南
## 选择结构

在 A.H.A. 高级特工坦普的引导下，啊哈沃德和英菲妮特开始接触 Aha Planet 里的第三种重要程序结构——选择结构。

天哪，选择结构又是什么？怎么感觉越来越复杂了！

我们还是来看源码巨人的可乐工厂里又发生了什么吧。经过一段时间的市场调查，源码巨人发现数据宇宙的居民在购买冷饮时的规律：当天气炎热，气温高于30摄氏度（T>30）时，人们会想要喝点冰凉的东西，因此冰镇可乐比普通可乐的价钱更高。于是，他在可乐生产线上增加了一台制冰机，当气温高于30摄氏度（T>30）时，只需要打开制冰机，就能够把普通可乐转变成冰镇可乐了。我们来看看代码是怎么样的。

Python:

```
if T>30:              #判断条件：气温高于30摄氏度
    启动制冰机         #选择执行内容：启动制冰机
生产可乐              #顺序执行部分：生产可乐
```

C++:

```
#include <bits/stdc++.h>
using namespace std;
int main()
{
    if (T>30)         #判断条件：气温高于30摄氏度
    {
        启动制冰机     #选择执行内容：启动制冰机
```

```
    }
    生产可乐                          #顺序执行部分：生产可乐

    return 0;
}
```

　　我们来看看这段代码是怎么执行的。首先，程序会对当天的气温是否高于 30 摄氏度这个条件进行判断：如果气温高于 30 摄氏度，条件成立，程序就会进入选择执行的部分，启动制冰机，然后再执行后面的命令，生产出冰镇可乐；而如果气温低于 30 摄氏度，条件不成立，程序就会跳过选择执行的部分，直接执行后面的命令，生产出的就是普通可乐。

　　这就是选择结构的作用：对给定的条件进行判断，并根据判断的结果来决定需要执行哪些内容。

　　需要注意的是，和循环结构一样，选择结构中也存在层级关系。判断条件只对写在对应层级中的语句生效。例如在上面的例子中，气温是否高于 30 摄氏度，只能控制是否在选择执行内容中启动制冰机，而不会对后续生产可乐的命令产生影响。而如果把代码写成下面这样，就不一样了。

Python:

```
if T>30:                          #判断条件：气温高于30摄氏度
    打开制冰机                     #选择执行内容：启动制冰机
    生产可乐                       #选择执行内容：生产可乐
```

C++:

```
#include <bits/stdc++.h>
using namespace std;
int main()
```

```
{
    if (T>30)                          #判断条件：气温高于30摄氏度
    {
            打开制冰机                  #选择执行内容：启动制冰机
            生产可乐                    #选择执行内容：生产可乐
    }

    return 0;
}
```

　　在这段代码中，"生产可乐"也被放在了温度判断的选择执行内容里，这样就会变成只在气温高于30摄氏度时启动制冰机并且生产可乐，而当气温低于30摄氏度时，所有选择执行的内容都会被跳过。数据宇宙的居民连普通可乐都买不到，只能喝西北风了。

## 04 英雄的牺牲

刺耳的吱呀声从大门口传来。用源码光束创造出的加固条一条一条地崩断。沉重的撞击仿佛让整座建筑物都在颤抖，吊灯摇摇晃晃，整个房间明暗不定，桌子上的半杯饮料飞溅得到处都是。

三人心中一紧，但只有坦普心中最清楚：冗兵尽管强壮，也无法制造出这么大的动静，在Aha Planet中，拥有这么强大的源码之力的人，只能是……林克本人。

"快！我来挡住他们，你们想办法启动传送矩阵！"他当机立断，命令啊哈沃德和英菲妮特。

"可是，应该怎么做？"啊哈沃德焦急地问。

"把所有灯点亮，传送矩阵就启动了。"坦普说。他转身面向水吧大门，手中淡蓝色的源码光束连续发射，在门后编织出一张密集的能量网。然而下一次撞击随即到来，半数能量网在撞击下分崩离析，大门上也留下了一道明显的凹痕。

"点亮所有的灯？"啊哈沃德疑惑地环顾四周，他的目光突然停在房间一角的地板上，这块地板发出淡蓝色、充满能量感的光芒，和整个水吧精致休闲的风格截然不同。

"找到了！在这里！"他向英菲妮特叫道。

"三块地板上都有，这些灯有些是亮的，有些是熄灭的。看来只需要先点亮这些灯，然后再去吧台中央启动传送矩阵就可以了。"英菲妮特说。

Level 35 关卡地图及路线解析

　　然而就在这时，原先亮灯的地板突然熄灭了，而另外一处熄灭的灯却亮了起来。这三处灯是随机变换的，想把它们同时点亮并没有那么简单。

　　"怎么办？怎么办？"啊哈沃德有些焦急。门外沉重的撞击正在一下下地继续，坦普头上已经冒出了点点汗珠。现在不能打扰他，还必须在怪物攻破大门之前启动传送矩阵。

　　啊哈沃德的头脑快速地运转着。突然，他想起刚刚学会的条件判断技能。选择结构能够让程序对给定的条件进行判断，并根据判断的结果来决定要执行哪些内容。如果有一条代码能够判断地面上的灯是不是亮的就好了。

　　"有没有代码能判断灯是否是亮的呢？你知道吗？"啊哈沃德问英菲妮特。

　　英菲妮特想了想，说："好像有一条，我这就把它添加到你的技能栏。"

　　说完，她轻轻碰了一下啊哈沃德，伴随着"叮"的一声，啊哈沃德发现自己的技能栏中多了一个灯一样的图标。

新技能：判断亮灯
Python代码：lighted()
C++代码：lighted()
技能效果：判断当前的灯是否被点亮了

　　"看上去这个技能的意思是判断灯是否亮着啊，但是我们要找那些没有被点亮的灯，应该怎么办呢？"啊哈沃德又问。

　　"我们可以使用逻辑符号'否'，来让条件判断得到相反的结果。"英菲妮特说，"在Python中，'否'的逻辑符号是英文单词'not'；而在C++中，'否'的逻辑符号

是感叹号'！'。在条件判断语句的if代码后面加上它们，就能够得到相反的条件判断结果。你问这干什么？"

"我有办法了！"啊哈沃德说，"我们不是刚学会了使用条件判断吗？我们就用条件判断来解开这个'密码锁'吧。"

要想用toggle()来开灯的话，需要先使用lighted()判断地面上的灯是否亮着，如果不亮就把灯点亮，代码应该写成下面这样。

Python：

```python
if not lighted():
  toggle()
```

C++：

```cpp
if(!lighted())
{
  toggle();
}
```

啊哈沃德观察着眼前的路线，需要先点亮地面的三盏灯，然后进入中心区域。开启三个机关的重复过程可以用一个3次的外层循环来实现。在每次外层循环中，要包括2次内层循环，经历前进2步、左转、前进2步、右转的过程来到灯的位置，使用前面的选择结构来判断并点亮地面的灯。而每次点完灯后，还需要在外层循环中加入一次右转指令，调整自己的面对方向。等点亮全部灯之后，再前进4步，进入吧台中央。这样想着，他双手在虚拟键盘上连敲，很快写出了完整的代码。

Level 35完美通关代码：

Python：

```python
for i in range(3):
    for i in range(2):
        forward(2)
        left()
        forward(2)
        right()
    if not lighted():
        toggle()
    right()
forward(4)
```

C++：

```cpp
#include <bits/stdc++.h>
using namespace std;
int main()
{
    for (int a = 1; a <= 3; a++)
    {
        for (int a = 1; a <= 2; a++)
        {
            forward(2);
            left();
            forward(2);
            right();
```

```
        }
        if (!lighted())
        {
                toggle();
        }
        right();
    }
    forward(4);
    return 0;
}
```

"完成了！"啊哈沃德按下运行按钮。

"不，这样的机关太简单了，远不足以把林克拒之门外。恐怕后面还会有更困难的挑战。"英菲妮特紧跟在啊哈沃德身后说。

果然，就在他们激活机关并踏入吧台中央传送矩阵的瞬间，淡蓝色的源码浮动，整个空间开始扭曲起来。等啊哈沃德和英菲妮特回过神来，原来建筑物中精美的装饰已经全部消失，墙壁变成了浮动的源码，桌椅变成了堆积的数据方块，地面则变成了闪烁不定的灯光池。他们还能听见数据怪物们的怒吼声和坦普战斗的声音，但声音已变得如此遥远，仿佛周遭的一切正被某种未知的屏障隔离，他们进入了某个平行空间……

空间停止了变化，与此同时，一个低沉的人工智能声音出现了："光明之火驱逐了一切黑暗，A.H.A.特工，破解源码矩阵，通往基地的大门即将为你开启。"

"看来就是这里了。"英菲妮特说。

"这简直是我见过的最没有信息量的关卡说明。破解源码矩阵，怎么破解倒是给点提示啊。"啊哈沃德抱怨。

"我觉得关键在'光明之火驱逐一切黑暗'这句话里面。"英菲妮特说。

"'光明之火驱逐一切黑暗'是指内心光明的人才能成为A.H.A.特工，扫除Aha Planet中的邪恶势力吗？"啊哈沃德问，"我好好学习，天天向上，内心光可鉴人，想必是最合适的人选了……"

"不，我觉得它指的是这些。"英菲妮特手指着地面的灯光池，打断啊哈沃德。空间稳定下来以后，地面的灯光就停止了闪烁，此时，一部分灯熄灭了，另一部分灯则发出明亮的淡蓝色光芒。

"光明之火驱逐一切黑暗。"英菲妮特说，"我觉得它在玩一个简单的文字游戏，其实意思就是把地面上所有熄灭的灯全部点亮，这样就能够解锁这个源码矩阵了。"

"哦，听起来蛮有道理的样子。"啊哈沃德挠了挠脑袋，尴尬地说。

那么这样一来，目标就变得明确起来了。他们身处一个5×5的正方形空间，中间堆积了4块数据方块，把余下的部分变成了4个环形。地面上无规律地亮着几盏淡蓝色的灯，剩下的方格则全都黑着。而任务就是把这些熄灭的方格全部点亮。

但是知道要做什么，和知道该怎么做可是两回事。眼前的源码矩阵方格有足足21个之多，比刚才水吧中的"密码锁"复杂了不止一星半点。一盏盏找到熄灭的灯并去点亮的办法显然不可行。那样不但代码冗长、容易出错，而且一旦灯光的位置变化，写好的代码就全都白费了。更加符合程序思维的方法，应该是找一条简单的路径走遍整个源码矩阵，判

Level 36 关卡地图及路线解析

断每一格中的灯是否亮着，如果没有亮，则点亮这盏灯。

但是如何实现呢？对于这样复杂的问题，啊哈沃德自然地想到了使用分解思维。整个空间可以划分为四个相似的环形区域，因此需要先建立一个4次的循环，每次循环走过并点亮一个环形区域，然后右转（或者左转）一次，面向下一个环形区域。对应的代码应该是这样的。

Python:

```python
for i in range(4):
    #走过并点亮一个环形区域
    right()
```

C++:

```cpp
#include <bits/stdc++.h>
using namespace std;
int main()
{
    for (int a = 1; a <= 4; a++)
    {
        //走过并点亮一个环形区域
        right();
    }
    return 0;
}
```

接下来，需要写出走过并点亮一个环形区域中所有灯的代码。这个问题仍然比较复杂，可以进一步将它分解细化。一个环形区域有四条边，可以通过一个4次循环来遍历，

每次循环走过并点亮一条边，然后右转一次，面向下一条边。此时的代码应该是这样的。

Python：

```python
for i in range(4):
    for i in range(4):
        #走过并点亮一条边
        right()
    right()
```

C++：

```cpp
#include <bits/stdc++.h>
using namespace std;
int main()
{
    for (int a = 1; a <= 4; a++)
    {
        for (int a = 1; a <= 4; a++)
        {
            //走过并点亮一条边
            right();
        }
        right();
    }
    return 0;
}
```

现在，需要写出走过并点亮一条边代码。问题变得相对简单一点了，但是为了不出现错误，啊哈沃德决定把问题进一步分解。走过一条边需要经过2格，因此也需要使用一个2次的循环，每次循环前进1格，判断这一格中的灯是否已被点亮，如果没有被点亮，则点亮它。此时的代码就变成了这样。

Python：

```python
for i in range(4):
  for i in range(4):
      for i in range(2):
            forward()
            #判断这一格中的灯是否已被点亮，如果没有被点亮，则点亮它
      right()
  right()
```

C++：

```cpp
#include <bits/stdc++.h>
using namespace std;
int main()
{
    for (int a = 1; a <= 4; a++)
    {
        for (int a = 1; a <= 4; a++)
        {
            for (int a = 1; a <= 2; a++)
            {
                forward(1);
```

```
                    //判断这一格中的灯是否已被点亮，如果没有被点亮，则点亮它
                }
                right();
            }
            right();
        }
    return 0;
}
```

最后的问题，就只剩下如何判断这一格中的灯是否已经被点亮了。好在刚刚破解吧台的"密码锁"时已经写出了这部分代码，可以直接将它替换进去。

Python：
```python
if(not lighted()):
    toggle()
```
C++：
```cpp
if(not lighted())
{
    toggle();
}
```

这部分代码替换了原来代码中的中文注释部分，得到了破解源码矩阵的最终代码。啊哈沃德重新检查了一遍，发现这段代码并没有想象中的那么复杂，只有短短几行，只是循环和条件判断的嵌套比较复杂而已。只要理清逻辑思路，想要解决复杂的问题也不在话下了。

Level 36完美通关代码：

Python：

```python
for i in range(4):
  for i in range(4):
        for i in range(2):
            forward()
            if not lighted():
                toggle()
        right()
  right()
```

C++：

```cpp
#include <bits/stdc++.h>
using namespace std;
int main()
{
    for (int a = 1; a <= 4; a++)
    {
        for (int a = 1; a <= 4; a++)
        {
            for (int a = 1; a <= 2; a++)
            {
                forward(1);
                if (!lighted())
                {
                    toggle();
```

```
                    }
                }
            right();
        }
        right();
    }
    return 0;
}
```

按下运行按钮，啊哈沃德立刻开始执行源码矩阵的破解程序。走过第一个环形区域，点亮了其中熄灭的灯，然后是第二个、第三个、第四个……在条件判断技能的作用下，他自动跳过了已被点亮的灯，只在未被点亮的灯旁边略略停留，不到一会儿就点亮了整个源码矩阵。空间开始再度扭曲，他们回到了被怪物包围的淡紫色水吧中。吧台中央发出轰隆隆的响声，之前加密的源码矩阵退向四周，通往A.H.A.秘密基地的真正传送矩阵被启动了。

"传送矩阵启动了，快！"啊哈沃德向大门前苦苦支撑的坦普喊道。

坦普脸色苍白，额头上汗珠滚滚，任谁都可以看出，支撑大门已经消耗了他大部分的源码之力。

"你们先走，我一会儿跟上！"坦普大声回答。

"没时间了，传送矩阵只能维持一会儿，如果传送矩阵关闭，你就再也进不来了。"啊哈沃德焦急地说。

坦普回头看向啊哈沃德。再一次，他的脸上露出凄凉的微笑："难道你们还不相信我吗？"

啊哈沃德猛地摇头，拉起英菲妮特踏入传送矩阵，金色的光柱从地面升起，将两人笼罩其中。时空扭曲的晕眩感再次袭来，这个过程曾让啊哈沃德无比难受，现在他却在拼命祈祷传送矩阵启动得更慢一些。

但直到最后，坦普都没有踏入传送矩阵。失重感把他们带离地面，最后一刹那，啊哈沃德听见金属大门轰然倒塌的声音。

坦普站在大厅中央，双手射出源码光束，紧紧抵住摇摇欲坠的大门。现在，这张薄薄的金属板，是挡在安静的庇护所和林克的千百只凶残的数据怪物之间的唯一屏障。

身后传送矩阵的金色光柱拔地而起，达到顶峰，逐渐暗淡，彻底消失。即便这样，坦普手中的源码光束都不曾放松分毫。他根本没有准备踏进那个传送矩阵，因为一旦他松开这扇门，数据怪物就会蜂拥而至，紧跟着涌进来。所以他必须死守，直到传送矩阵重新关闭。

"为什么让那个少年先走？难道你不应该努力让自己活下去，完成自己的使命吗？"

虚空之中，出现了隆隆声。坦普不知道它来自何处，自从自己成为A.H.A.特工以来，这个声音曾数度出现在自己的脑中，尤其是自己做出那些关键性决定的时刻。

"我留下来断后，他和那个人工智能小女孩才有时间先逃走吧。"

"你很清楚这样做并没有增加成功的概率。他们逃不掉，林克最终会找到他们。想要避免让林克得到她，唯一的方法就是杀了她。"虚空中的声音完全不以为然。

坦普愣了一下，随后冷冷地笑了起来："能够计算出这么精准的结论，你应该也是某个隐藏在暗处的高级人工智能吧。无论你和林克是不是一伙的，我要告诉你们，你们也许能够计算出人类的全部行为模式，但有一样东西是你们永远也无法理解的。那就是希望，还有人类为了希望不断奋斗的决心！"

"哦呵呵呵……"虚空中的那个存在发出了隆隆的笑声，"人类的思想，真是琢磨不透呢。"

源码光束熄灭的一瞬间，金属大门像纸片一样被撕得粉碎。丑陋、凶猛、强壮的数据怪物从门口一拥而入。它们的身体闪烁着密密麻麻的淡蓝色光点，如同在深海中捕食的鱼群。

但它们突然犹豫了，因为大厅的中央伫立着一个孤傲黑色身影，双手闪着危险的绿色光芒。

"终于来了吗？"坦普大声宣布，如同只身面对千军万马的孤傲的王，"既然没有退路了，那就痛痛快快地大战一场吧！"

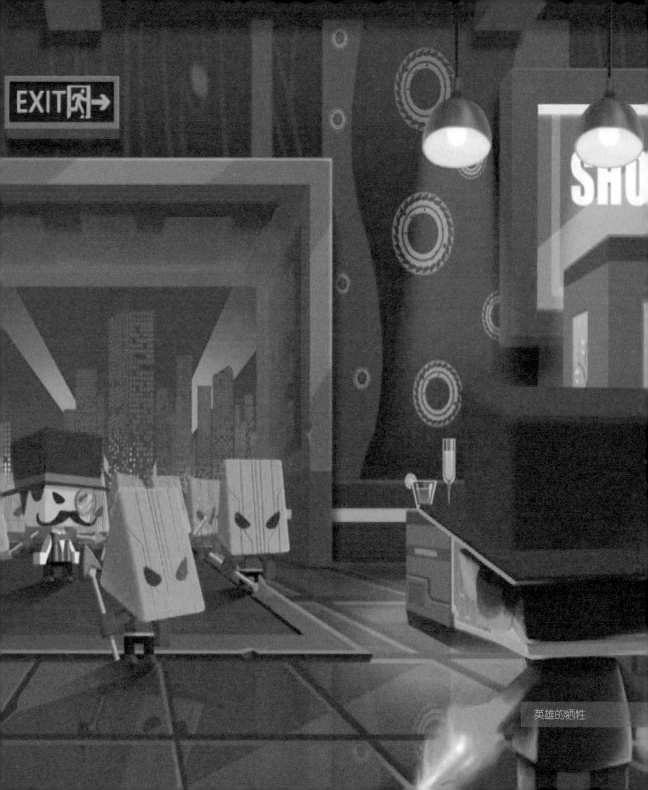

英雄的牺牲

# 编程星系漫游指南
## 程序的三种结构

回顾一下前面我们学过的内容。

在啊哈沃德刚进入源码实验室的时候，最早学会的是顺序结构。在遇到英菲妮特之后，她教给了他一个强大的技能：循环。而现在，A.H.A. 的高级特工坦普教给了他另一个强大的技能：条件判断。到目前为止，我们已经掌握了 Aha Planet 中最基本的三种程序结构：顺序结构、循环结构、选择结构。

你还记得它们分别是什么意思吗？什么，记不清了？没关系，下面的流程图能够让你更清晰地理解这三种结构的逻辑关系。

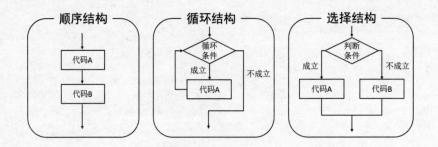

顺序结构：程序从上到下，一行一行地逐条执行每条代码的内容，先执行代码 A，然后执行代码 B……顺序执行是最基本的程序执行方式，利用它，我们可以控制程序一步步地执行命令来完成任务。

循环结构包括两个部分：循环条件和循环内容。程序会判断循环条件是否成立（如循环次数是否达到限制），如果循环条件成立，则执行循环内容中的代码 A。这个过程会重复执行，直到循环条件不成立（如循环次数超过了限制），程序才会跳出循环，继续执行后面的内容。循环结构能够让程序重复执行一些命令，从而有效简化编程过程，缩短代码的长度。

选择结构也包括两个部分：判断条件和选择执行内容。程序会首先判断选择执行的条件是否成立，如果条件成立则选择执行代码 A，如果条件不成立，则执行代码 B。在我们目前遇到的简单情况中，代码 B 为空，程序就会根据判断条件是否成立，选择是否执行代码 A。选择结构能够让程序根据条件来选择需要执行的内容，使程序能够更好地在不同的情况下发挥作用。

好啦，以上是对程序的三种结构的复习。它们是 Aha Planet 乃至整个源码世界中最重要的概念。后面要学习的各种复杂程序和代码，都是由这些基本结构相互组合而成的。大家一定要多多练习，牢牢掌握它们哦！

# 第 4 章
## 源码之剑

A.H.A. 秘密基地

## 01 秘密基地

啊哈沃德大声呼喊，拼命向坦普伸出手去。

但数据传输协议已经生效，金色的光柱从传送矩阵中升起，将啊哈沃德和英菲妮特笼罩其中，灼热的数据流逼得啊哈沃德缩回手来。那个男人骗了自己，什么"你们先走，我一会儿跟上"，几句话就把自己给糊弄了。传送矩阵一旦启动，矩阵内外就被切割成了两个空间，中途穿越只会被切成两半。

那个人根本就没有打算离开。从一开始，他就做好了独自面对怪物的准备，把活下去的希望留给了自己。

"不！"啊哈沃德大力捶打着眼前的金色光幕，激起阵阵耀眼的火花。

但一切都无能为力了，他们只能眼睁睁地看着坦普双手擎着阴森的绿色光束，纵身跃入蓝色的数据怪物海洋。

传送矩阵只维持了几秒钟，啊哈沃德却感觉像经历了几个世纪之久。他颓废地跌坐在地面上，任由金色光柱带着他们在数据空间中飞驰。

"我们失败了。连坦普那样强大而坚定的人，都被淹没在了数据怪物的洪流中，我们还有什么希望？"啊哈沃德喃喃自语。

"别灰心！我们还有希望。"英菲妮特将一只手放在他的肩膀上，这个小女孩模样的人工智能正关心地看着他。"你懂什么？你不过是一个不懂感情的人工智能而已。而他是

和我一样的人类，现在他牺牲了，永远地离开了这里。" 啊哈沃德头也不抬地说，"你们人工智能不是计算能力很强吗？你难道没有算出他在骗我们吗？如果你提前告诉我，我绝不会丢下他独自离开。"

"天啊，我为什么要说这些？"啊哈沃德抱住膝盖，身体缩得更紧了。他刚刚失去了一个伙伴，现在仿佛又要失去另外一个了。

"我不知道他会这么做。他的行为违背了所有人工智能的行为预测准则。"小女孩似乎没有受到啊哈沃德指责的影响，而是冷静地陈述着事实。是她的程序中没有愤怒的设定吗？还是她理解并原谅了他？

"但正因为如此，他才一举打破了原先我们必败的局面。他的行动破坏了林克精心的计算，现在，根据 Aha Planet 系统程序给出的即时预测数据，我们逃脱的概率从原先的4%一举提升到了51%。"

"什么？！"啊哈沃德一愣，抬起头来。

"坦普选择自我牺牲，来为整体行动换取更大的希望。来吧，我们要继续前进，完成他未尽的使命，不能让他白白牺牲。"英菲妮特微笑着，向啊哈沃德伸出手来。

"谢谢你，谢谢。"啊哈沃德擦了擦眼角的泪水，拉住英菲妮特的手站起来。

"还有，别以为我不计较你刚才对我发脾气的事。我！很！生！气！"英菲妮特突然面露狰狞，在啊哈沃德手上狠狠捏了一把。

"啊！！！"啊哈沃德的惨叫声响彻整个数据通道。

传送矩阵的金色光柱暗淡下来，啊哈沃德的双脚终于重新落回坚实的地面。他忍住长距离传送带来的晕眩感，又揉了揉眼睛。环顾四周的一瞬间他就呆住了。他们身处一间科技感"爆棚"的金属房间，地面和墙壁上闪烁着紫色的镭射光，各式电子显示屏中的数据跳动不停，散发着淡蓝色光芒的数据能量结晶堆放在一起，一把把油光锃亮的枪械整齐地排列在武器柜中。

"哇！这里就是 A.H.A.秘密基地吗？简直像是蝙蝠侠[1]的蝙蝠洞。" 啊哈沃德惊叹道。

"这里的武器足够一支武装军队使用，这是在为某场战争做准备？"英菲妮特问。

啊哈沃德张了张嘴，又闭上了。他想起坦普提到过关于人类和人工智能之间的秘密战争。源码实验室的人工智能觉醒了自我意识，开始大量制造数据怪物军队，而作为人类方的A.H.A.也在成批地囤积战备物资。Aha Planet表面看上去也许风平浪静，但内里却像是囤积了干柴与火药的仓库，只要一颗小小的火种，就足以引发烧尽一切的烈焰。

如果战争真的爆发，自己将何去何从？英菲妮特呢？自己和她会成为战场上的敌人吗？啊哈沃德不禁思索。好在英菲妮特没有察觉到他已陷入沉思。她仔细地搜寻着房间的各个角落，没过多久，她就发现了这里的另一处异常：整个A.H.A.总部中，也空无一人。

"这里好安静。"英菲妮特说。

"怎么连个前台接待都没有？"啊哈沃德也意识到了不对劲，"别告诉我偌大的A.H.A.秘密基地里，只有坦普一个特工。"

---

1 蝙蝠侠：美国 DC 漫画旗下的超级英雄，他的地下基地"蝙蝠洞"中拥有各式各样的先进高科技装备。

"从这里囤积的武器规模看来，这里应该曾有很多工作人员，但不知道为什么，他们都消失了。"英菲妮特环顾着四周说。

"怎么可能？到底发生了什么？"啊哈沃德难以置信地问，"就算林克是再怎么厉害的高级人工智能，也不可能一举消灭A.H.A.总部的所有人吧？"

"我也觉得不可能。"英菲妮特摇了摇头，"这里的一切看上去井井有条，不像发生过战斗的样子。看来只能由我们自己探索这里发生的事情了。"

他们小心翼翼地前进，寻找坦普所说的能够返回现实世界的传送矩阵，来到一处像是靶场的地方。地面上放着一把蓝色的、极具科技感的镭射手枪，而在不远的地方，立着一块射击用的电子枪靶屏幕。

啊哈沃德看向英菲妮特："这会是林克布下的陷阱吗？"

"我觉得不是，这里感觉不到冗兵的气息。"英菲妮特回答，"而且我觉得我们应该武装起来。现在，没有人能够帮我们了，如果遇到危险，我们将不得不自己战斗。"

啊哈沃德点头表示同意。他上前几步，拾起地面上的手枪。与此同时，"叮"的一声，他的技能栏中多出了一个新的技能。

新技能：开火
Python代码：fire()
C++代码：fire();
技能效果：使用电子枪朝前方开火

为什么不试试呢？啊哈沃德心念一动，向右转身，对着电子枪靶扣下扳机，伴随着

Level 37 关卡地图

"biu"的一声，一团红色能量球从枪口飞出，电子枪靶上的虚拟目标灯应声熄灭。

Level 37完美通关代码：

Python：

```
forward(3)
collect()
right()
fire()
```

C++：

```
#include <bits/stdc++.h>
using namespace std;
int main()
{
    forward(3);
    collect();
    right();
    fire();
    return 0;
}
```

"这是？"啊哈沃德原以为枪口射出的子弹会散发出硝烟和硫黄的味道，在电子屏上留下一个大洞什么的。但整个电子屏看上去完好无损，只是失去了显示数据的功能。

"这是数据枪。"英菲妮特看出了他的疑惑，解释道，"它可以远程发射电脑病毒，扰乱目标的功能代码。"

啊哈沃德又想起在林克源码实验室中感染的电脑病毒，它让自己的光脑系统彻底瘫痪，如果不是坦普及时出手相助，恐怕他们只能束手就擒。

"太好了，让林克他们也尝尝电脑病毒的滋味。"啊哈沃德愤愤地说。

"但是必须小心，低等级的电脑病毒威力有限，只能让冗兵瘫痪，不足以消灭它们。而对于林克那样拥有强大源码之力的人工智能，可能起不了任何作用。"英菲妮特说。

有总比没有好，起码在面对冗兵时可能会用到。啊哈沃德想着，把数据枪收进口袋。

下一间房间仍然是训练场，一排电子枪靶同时立起，闪烁着蓝色的光芒。

"这里的设施一应俱全呢，看来要展示一下我百发百中的无敌枪法了。"啊哈沃德说着，举枪瞄准斜对面的电子枪靶就射。一枪miss[1]，两枪miss……啊哈沃德连开五枪，竟一枪也没能命中目标。

"这……"啊哈沃德不禁涨红了脸。

"数据枪和你玩的那些电子游戏可不一样，想要命中目标，你必须熟练使用代码来瞄准。试一试走到那些枪靶的正前方，再开枪射击。"英菲妮特说。

"看来即使装备了高科技武器，也离不开最基础的指令代码啊。"啊哈沃德不禁叹了口气。他随即认真起来，开始分析眼前的路线。

---

1 miss：未命中。

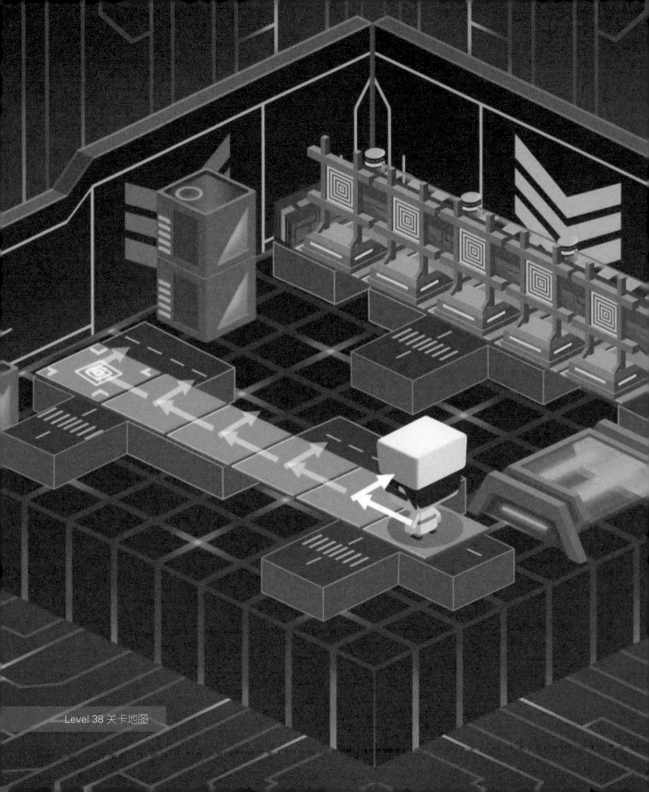

Level 38 关卡地图

　　右前方一共有五个并列的电子枪靶，各自相距一格。这样有规律的重复操作，使用一个重复5次的循环就能够简单地实现了。而在每次循环中需要进行的操作包括前进1步、右转、开枪、左转。因此完整的代码应该是这样的。

Level 38完美通关代码：

Python：

```python
for i in range (5):
    forward()
    right()
    fire()
    left()
```

C++：

```cpp
#include <bits/stdc++.h>
using namespace std;
int main()
{
    for (int i = 1; i <= 5; i++)
    {
        forward(1);
        right();
        fire();
        left();
    }
    return 0;
}
```

这次的表演成功得多，啊哈沃德走到第一个电子枪靶前，右转，正对着枪靶扣下扳机。电子枪靶应声命中，而他本人则已经走到下一个电子枪靶前了。然后是第三个、第四个、第五个。使用正确的代码之后，他很快击中了全部的电子枪靶，还真做到了弹无虚发。

啊哈沃德不禁感到一阵得意。他像西部牛仔一样竖起数据枪，装模作样地吹了吹枪口，尽管那里既没有发烫也没有冒烟。然而，他要帅的动作还没做完，房间中就传来一阵隆隆巨响，吓得他赶紧提高了警惕。

只见被击中的五个电子枪靶中升起了五道数据流。五道数据流汇合到一起，流入左侧墙壁的一处凹槽。然后，某个隐藏的机关仿佛被触发了，墙壁发出隆隆巨响，缓缓地滑到一旁，露出隐藏在后面的密室。明亮的蓝色光芒从密室中倾泻而出，某件Aha Planet中埋藏已久的上古神器显露出了它的庐山真面目。

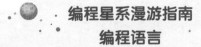

## 编程星系漫游指南
## 编程语言

细心的同学一路学下来，也许注意到了一个现象：

啊哈沃德走过每一关的代码都有两个版本，一个上面写着 Python，另一个上面写着 C++。

这两个版本的代码内容差别不大，格式上却有不小的区别。比如 Python 下循环和条件判断代码后面要加冒号，相应的循环和选择执行内容需要用空格或者 tab 缩进；而 C++ 下的内容需要用大括号括起来。这些讨厌的格式规定到底是谁制定的？难道不能把不同的代码写成一样的格式吗？

这里就涉及一个新的概念了，那就是编程语言。编程语言是程序员用来向计算机准确发送指令的标准化交流方法。不同的编程语言有各自的格式和语法规范，因此不能混为一谈。

那么，编程语言一共有哪些种类呢？

从大类的角度来看，编程语言可分为机器语言、汇编语言和高级语言等类型。

机器语言是计算机能够直接读懂的语言，也就是由二进制的 0 和 1 构成的语言，但这种语言不方便人类阅读和书写。

汇编语言中采用了英文缩写的标识符，比机器语言更容易识别和记忆。但使用它时同样由编程者直接对计算机硬件进行操作，因此编写难度仍然较高。汇编语言和机器语言都属于低级语言。

高级语言则是一大类对机器指令进行整合和封装，使之更容易被人们编写、阅读

和理解的编程语言。相对于低级语言，高级语言大大地简化了程序中的指令，更适合用于编写复杂的程序。现在大部分程序员使用的 Python、C++、C、Java、JavaScript、Pascal、VB、PHP 等都属于高级语言。高级语言种类多样，不同的语言优势各不相同。例如 Python 上手简单，并且和人工智能技术有密切联系，是初学者的较好选择。而 C++ 功能强大，并且是全国信息学奥林匹克竞赛的指定语言，各位 OIer[1] 务必要熟练掌握。因此我们的书中主要介绍了这两种语言。

等等，这一节不是讲啊哈沃德的新武器吗？怎么讲起编程语言了，是不是跑题了？没有呢，编程语言就是程序员的武器，想要战胜各种各样的计算机难题，熟练掌握一门称手的编程语言尤为重要。想象一下程序员们聚在一起聊天时的场景：

"我是主要使用 C++ 的系统架构师。"

"我是主要使用 Python 的大数据分析师。"

"我从事手机程序开发，主要使用 Java。"

"PHP 是世界上最好用的编程语言。"

……

是不是有点像古时候剑客豪侠们在酒馆中谈论武器的情形呢？

等等，刚才谁说 PHP 是最好用的编程语言？打他！

---

1　OIer：准备参加全国信息学奥林匹克竞赛的选手们。

## 02 源码之剑

金属墙壁发出隆隆的巨响，缓慢地滑向一边。随着密门的开启，明亮的蓝色源码能量如同洪水般奔涌而出。片刻间，啊哈沃德以手掩面，仍然感到有一轮太阳正从近在咫尺的地方冉冉升起，光芒仿佛能将自己整个吞噬。

"吭"的一声，金属墙壁固定下来。啊哈沃德将全息眼镜的亮度调至最低，才勉强适应了眼前的环境。他拉起英菲妮特，小心翼翼地迈进这个神秘的房间。

这里十分宏伟，甚至堪称宫殿。四根双人合抱的粗大立柱，支撑着星空般深色的屋顶，单是空间的高度，就足有一般房间的两倍。在紫色的金属墙壁和地板缝隙之间，明亮的数据流激荡奔涌，仿佛勾勒着某种神秘的图案。所有奔涌的数据流汇聚的终点，正是耀眼光芒的源头。就在大堂的正中央，悬浮着一把充盈着源码之力的光剑。

尽管在外形上，它很像《星球大战》[1]中绝地武士的光剑，但啊哈沃德觉得绝没有那么简单。每位绝地武士都有一把光剑，但对于眼前的这把光剑，单从它凌绝众生的气势和喷薄而出的能量来看，就能断定它是整个源码世界中独一无二的神器。

"哇！派头也太大了吧！" 啊哈沃德一面惊叹着，一面毫无防备地向光剑伸出手。

火花迸溅，他的手指还没碰到光剑的剑柄，一股强大的力量就将他整个人推飞，他摔坐在地上。强大的冲击让光脑系统出现了短路，他的视野一片漆黑，仿佛再次陷入了瘫痪状态。好在这一过程没有持续多久，伴随系统的重新启动，他再次恢复了知觉。

---

1　《星球大战》：美国福克斯公司出品的系列科幻电影。

啊哈沃德揉了揉摔疼的后背，缓缓站起身，这才发现光剑的四周笼罩着一层淡蓝色的屏障。屏障是半透明的，不仔细观察甚至难以察觉。但从接触瞬间爆发出的强大能量看来，它的坚固程度甚至超过了Aha Planet上最先进的力场屏障。

"真危险，还是别碰为好。"啊哈沃德低声嘟囔，转身准备离开。

"源码之剑是拥有强大力量的神器。你真的准备就这样离开吗？"

"算了吧，哪有那么巧的事，世界陷入危险的时候，刚好就有一把拯救世界的神器摆在你面前。唉，等等……"啊哈沃德突然停下脚步。刚才的声音不是来自英菲妮特的，而是从这把"源码之剑"中发出的。

"你刚才听见它说话了吗？"啊哈沃德问英菲妮特。人工智能小女孩摇了摇头，一脸困惑地看着他。"一把光剑，在对我说话？一定是最近拯救世界的压力太大，让我都产生幻觉了。"

啊哈沃德再次看向源码之剑。似乎是感应到了他的视线，源码之剑微微震动起来，熠熠的光芒让整个房间明灭不定。就像一只被囚禁在牢笼中的凶猛野兽，咆哮着想要挣脱束缚。

"命运选定之人啊，只有你能听见我的声音。"它的声音再次响起，"打破屏障，还我自由。我将助你成为Aha Planet上的英雄，就像亚瑟拔出石中剑[1]，成为英格兰的国王一样。"

---

1 石中剑：传说中英国的圣剑，亚瑟王拔出它并成为统治英格兰的国王。

"阿尔萨斯拔出霜之哀伤[1]，还成了魔兽世界的大反派呢。"啊哈沃德嘴上反驳着，内心却已经产生了动摇。他们正处在孤立无援、四面楚歌的绝境。这把源码之剑，可能是扭转当前不利局面的唯一希望。

一声巨响从楼下的某个地方传来，紧接着，整栋大楼开始剧烈摇晃，灰尘和碎石从天花板簌簌落下，警报声响彻整个A.H.A.秘密基地。

"不是吧！老大，你可别一言不合就拆家啊。"啊哈沃德急了，"我们现在可是一条绳上的蚂蚱。这栋楼要塌了，大家都没好下场。"

"不是它造成的。"英菲妮特突然开口，"秘密基地正在遭到攻击，林克找到这里了。"

"哈哈哈，看来第二个访问者就要到来了。A.H.A.那帮家伙还在的时候，这里可没这么热闹。"源码之剑发出得意的笑声，仿佛在说，不买就快走，后面还有人排队呢。

没时间继续犹豫了。如果源码之剑落入林克手中，不知道会给Aha Planet带来什么样的灾难。啊哈沃德伸手摸起腰间的数据枪："要怎么对付这个数据屏障？打碎它吗？"

"不！数据枪难以击穿数据屏障。"英菲妮特说，"而且，击穿数据屏障也保不齐会误击中源码之剑的剑身，那样一来它的能量将在一瞬间释放出来，引起巨大的爆炸。"

"那该怎么办？"啊哈沃德吓得连忙收手。

"房间四周的能源线圈是这个数据屏障的发生装置。关闭它们，就能解开囚禁我的牢笼。"源码之剑说。

---

1 霜之哀伤：电子游戏《魔兽争霸》中的魔剑，洛丹伦王子阿尔萨斯拔出它并成为巫妖王。

啊哈沃德顺着源码之剑所述的方向看去。墙边竖立着一根模样奇怪的金属线圈。线圈顶端是一个光芒闪烁的金属球，亮蓝色的数据流从球体发出，顺着线圈盘旋而下，汇入遍布整个大厅的数据网。啊哈沃德又环顾四周，在大厅的另外三个方向上，也各自竖立着一根这样的金属线圈。

"一定就是这些了。"啊哈沃德说着，开始观察大厅中的布局。四根线圈位于房间的四个方向，因此先要设计一个重复4次的循环，关闭这些能源线圈。在每一次循环中，需要先右转、开枪，然后左转、前进、左转、前进，等解除数据屏障，再走到房间中央去拾起源码之剑……这时应该左转还是右转来着？

"你在磨蹭什么？快关闭那些能源线圈，让我重获自由。"源码之剑的声音中开始出现了不耐烦的情绪。

"急什么？你行你自己来啊。"啊哈沃德反驳道。他觉得思路有点乱，现在的任务中包含了多个不同的子任务，不再是一个简单的顺序结构或循环结构就能够实现的了。

"也罢，凡人的智慧不过如此，还是让我亲自出手吧。"

一瞬间，源码之剑的光芒变得炫目无比，一束源码光束从数据屏障中激射而出，涌入他的身体。光芒稍纵即逝，片刻之后，整个房间又恢复了原样。

"发生了什么？"啊哈沃德连忙检查全息眼镜中央的技能栏，这里并没有多出新的技能。他又看向视野右侧的代码框，代码框里面出现了几行中英文混杂的内容。

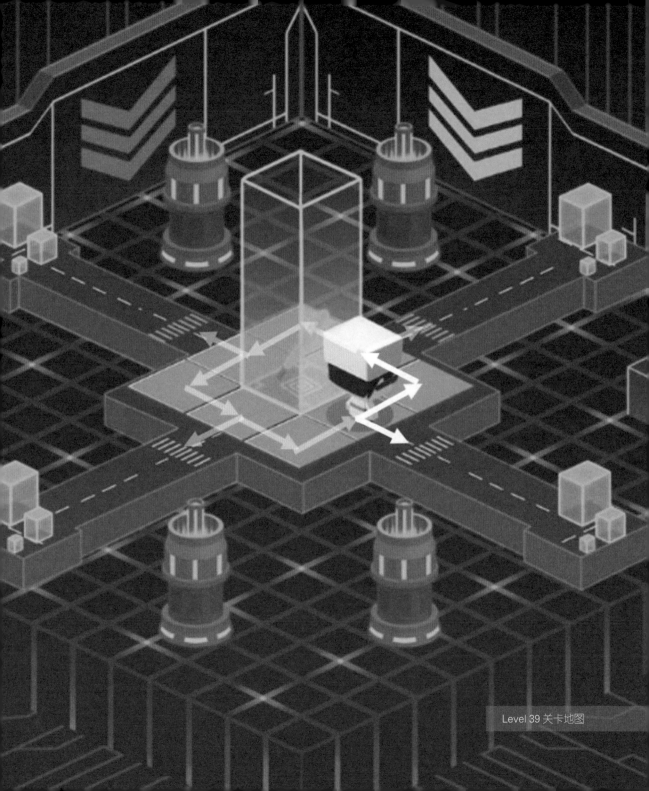

Level 39 关卡地图

Level 39任务逻辑思路:

Python:

```
for i in range (4):
    射击能源线圈
    走到下一个能源线圈的位置
取出源码之剑
```

C++:

```
#include <bits/stdc++.h>
using namespace std;
int main()
{
    for (int i = 1; i <= 4; i++)
    {
        射击能源线圈
        走到下一个能源线圈的位置
    }
    取出源码之剑
    return 0;
}
```

"这是啥啊? 你怎么在代码栏里面写中文? " 啊哈沃德哭笑不得, 想起自己刚进入 Aha Planet时在代码栏中写中文导致计算机报错的经历, "犯这种新手的错误, 你这拥有无上力量的神器, 该不会是冒牌的吧? "

"你懂什么? 我要教给你的, 是Aha Planet中的高级技能——伪代码。" 源码之剑愤

愤地说，"仔细看好，这短短几行命令，是不是包括了完成整个任务的全部步骤？"

啊哈沃德仔细看了看这些"伪代码"，发现还真没错。用一个重复4次的循环，在每一次的循环中，需要先击中当前位置的能源线圈，然后移动到下一根能源线圈的位置附近。而在依次击中四处能源线圈，等待中央数据屏障解除之后，就能够走向房间的正中央，取出源码之剑了。

"没错是没错，但这有什么用啊？计算机又不能识别中文。"啊哈沃德问。

"伪代码不是写给计算机看的，而是写给你自己看的。"源码之剑说，"我问你，射击能源线圈这段中文，用代码应该怎么实现？"

"这还不简单！"啊哈沃德说。能源线圈就在自己的右侧，因此他很快写出了射击能源线圈的代码。

Python：
```python
right()
fire()
```
C++：
```cpp
right();
fire();
```

"接下来第二步，怎么走到下一个能源线圈的位置呢？"源码之剑继续问。

啊哈沃德看了看房间的布局。这时候自己应该正面向上一根被关闭的能源线圈，如果按逆时针的方向行走，就需要依次左转、前进1步、左转、前进1步。如果仔细观察其中的

重复部分，这个过程还能够用一个循环来进一步简化。因此，走到下一个能源线圈的代码应该是这样的。

Python：

```python
for i in range (2):
  left()
  forward()
```

C++：

```cpp
for (int i = 1; i <= 2; i++)
{
  left();
  forward(1);
}
```

"然后是最后一步，该怎么拾起源码之剑呢？"

啊哈沃德想了想。这时候自己应该绕过房间一周，并回到初始的位置了。想要拾起源码之剑，需要先左转，然后前进1步走到房间正中央，最后使用拾起的命令。

Python：

```python
left()
forward()
collect()
```

C++：

```cpp
left();
forward(1);
```

```
collect();
```

"哦！原来是这样！"啊哈沃德恍然大悟，"现在，完成任务的三个步骤的对应代码已经全部写好了。只需要把这些代码放到伪代码中，替换掉原来位置的中文就可以了。"

"这就是伪代码的力量，它能够简化复杂的任务流程，把它们转化为容易理解的简单步骤。"源码之剑的声音在房间中隆隆作响，"现在，快行动起来，让我重获自由！"

Level 39完美通关代码：

Python：

```python
for i in range (4):
    right()
    fire()
    for i in range (2):
        left()
        forward()
left()
forward()
collect()
```

C++：

```cpp
#include <bits/stdc++.h>
using namespace std;
int main()
{
    for (int i = 1; i <= 4; i++)
```

```
    {
        right();
        fire();
        for (int i = 1; i <= 2; i++)
        {
            left();
                forward(1);
        }
    }
    left();
    forward(1);
    collect();
    return 0;
}
```

"我自由了！" 隆隆声响彻整个大厅。

源码之剑悬浮在大厅中央离地半米的位置，熠熠生辉，光彩夺目。没有了数据屏障的束缚，它的锋芒显得愈发锐气逼人。源码能量缠绕着剑身激流奔涌，如同喷薄欲出的日珥，将整座大厅映得一片蓝白。

啊哈沃德感觉手心浸满汗水。源码之剑遇水会发生什么？触电吗？爆炸吗？还是分解为氢气和氧气？他强忍住紧张情绪，不让自己胡思乱想，把注意力集中到眼前的源码之剑上。他的手颤抖地伸入目光难以穿透的蓝白色光团，触碰到其中冰凉、坚定的柱形实体，然后用力握紧。

天地变色，日月星移。全宇宙的源码能量仿佛在一瞬间改变了流动的方向，沿着大爆炸的反方向汇往中心的奇点。

"啊！！！"啊哈沃德不由自主地大喊。擎在双手之间的巨大能量旋涡，不，称为黑洞更合适，正贪婪地汲取着周遭的一切源码能量。数据流触到剑锋，化为无形；代码块撞上光焰，瞬间粉碎；就连亮蓝色的源码光束，仿佛都逃不出被封印的命运，消失在剑柄之前的引力场内。

"坚持……住！"英菲妮特的声音断断续续地传来。

啊哈沃德抬头看去，小女孩正双手抱紧大厅的立柱，竭力抵抗着源码之剑的引力。对了，她的身体也是由源码组成的，如果触碰到源码之剑，也会被分解然后化为乌有吧。

啊哈沃德心中一惊，加大了手中握剑的力量。停下，快停下！先是祈祷，然后变成请求，最后终于变成了命令："停下！我是你的主人，我命令你停下！"

突然之间，强大的引力消失了，源码之剑仿佛桀骜不驯的野马，历经一路狂奔，终于被骑手驯服。三尺长的亮蓝色源码光束微微颤抖，发出"嗡嗡"的低鸣声。与此同时，似乎还有一道稍纵即逝的绿色光芒从剑身下钻出，穿过空旷的大厅，消失不见。

"成功了！"啊哈沃德和英菲妮特异口同声，双双长出了一口气。

又一声巨响从楼下传来，大厅的立柱从中折断，坠落在地摔得粉碎。"非法入侵"警报大作的同时，秘密基地的应急闸门纷纷关闭，传送矩阵也断开了连接。这是基地在外层防御被攻破时，用于阻挡进攻者脚步而启动的应急措施。

"林克来了，我可以感觉到冗兵越来越近。"英菲妮特焦急地说，"快，我们得抓紧

时间，赶在它们找到之前离开这里。"

　　来时的密门已经被封锁，他们只能逃往大厅的另一个方向。碎石和金属块在他们身后纷纷坠落，啊哈沃德纵身一跃，带着英菲妮特跃出大厅，进入一间标有"应急传送矩阵"字样的房间。

　　"快启动传送矩阵！"啊哈沃德对英菲妮特说。

　　"我在试，但是能量不足，似乎有什么东西阻断了通往传送矩阵的数据流。"英菲妮特说。

　　啊哈沃德环视传送矩阵房间，两座锥形的数据屏障引起了他的注意。数据流碰撞在数据屏障上，迸发出淡蓝色的火花。正是这些数据屏障阻断了通往传送矩阵的数据流，成为传送矩阵被锁死的原因。

　　怎么办？啊哈沃德暗想。使用数据枪攻击能源线圈？眼前整个数据空间一片混乱，到哪儿去找那些形状奇怪的金属线圈？如果还有其他摧毁这些数据屏障的方法，那就应该是……啊哈沃德低头看向手中的源码之剑，这柄造成数据空间坍塌的光剑正散发出明亮的光芒。啊哈沃德一咬牙，挥剑用力斩向数据屏障。

新技能：挥砍

Python代码：hit()

C++代码：hit();

技能效果：使用源码之剑挥砍

伴随着轻微的嗡鸣声，源码之剑从数据屏障中划过，如同用烧热的小刀切开一大块黄

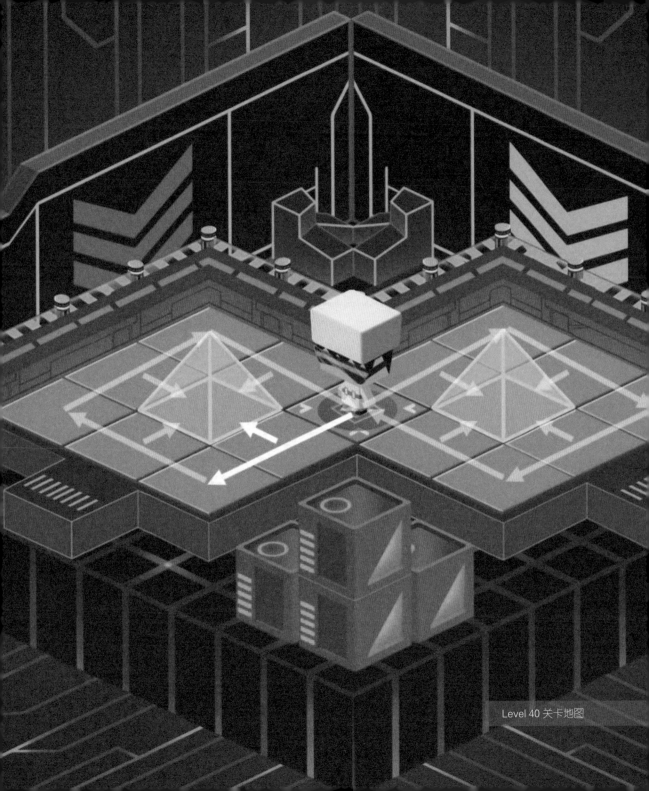

Level 40 关卡地图

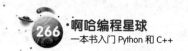
油一般，没有丝毫阻滞感。啊哈沃德再看时，锥形数据屏障的一个侧面已经被分解成了源码，彻底消失不见了。

"这样能行！"啊哈沃德精神一振。现在，只需要用源码之剑分别攻击两个数据屏障，将它们彻底击碎就行了。房间外的走廊正在崩塌，时间已经不多了。啊哈沃德立刻开始规划行动的路线。

首先，需要依次击碎两个数据屏障，必然需要通过一个2次的外层循环实现。在每一次外层循环中，需要依次击碎一个数据屏障的四个面，可以使用一个4次的内层循环实现。在每一次内层循环中，需要先走到一个面跟前，然后攻击这个面，再移动到下一个面跟前。而执行完一轮外层循环并击碎一个数据屏障后，需要改变自己的转向，朝向下一个数据屏障。因此整体的逻辑思路就能得到了。

Level 40任务逻辑思路：

Python：

```
for i in range (2):
  for i in range (4):
        面向并击碎数据屏障的一个面
        移动到下一个面跟前
    击碎一个数据屏障的四个面之后，转向下一个数据屏障
```

C++：

```
#include <bits/stdc++.h>
using namespace std;
int main()
{
```

```
    for (int i = 1; i <= 2; i++)
    {
        for (int i = 1; i <= 4; i++)
        {
            面向并击碎数据屏障的一个面

            移动到下一个面跟前
        }
        击碎一个数据屏障的四个面之后，转向下一个数据屏障
    }
    return 0;
}
```

　　如果从数据屏障的一个转角处出发，走到它的第一个面跟前并击碎它，需要依次前进、右转、使用源码之剑攻击，其代码应该如下。

Python：

```
forward()
right()
hit()
```

C++：

```
forward(1);
right();
hit();
```

　　而在击碎数据屏障的一个面后，需要移动到下一个转角的位置，此时需要依次左转、

前进、右转，这一过程的代码应该如下。

Python：

```
left()
forward()
right()
```

C++：

```
left();
forward(1);
right();
```

而在经过4次内层循环，击碎一个数据屏障之后，需要转向下一个数据屏障。此时只需要向后转身，即左转（或者右转）2次即可，代码如下。

Python：

```
left()
left()
```

C++：

```
left();
left();
```

在写出逻辑思路中每一步的代码之后，将这些代码代入原来的逻辑思路中，即可得到击碎两个数据屏障的完整代码。

Level 40完美通关代码：

Python：

```python
for i in range (2):
    for i in range (4):
        forward()
        right()
        hit()
        left()
        forward()
        right()
    left()
    left()
```

C++：

```cpp
#include <bits/stdc++.h>
using namespace std;
int main()
{
    for (int i = 1; i <= 2; i++)
    {
        for (int i = 1; i <= 4; i++)
        {
            forward(1);
                right();
            hit();
            left();
            forward(1);
```

```
            right();
        }
        right();
        right();
    }
    return 0;
}
```

事不宜迟，啊哈沃德按下运行按钮，挥舞着源码之剑向数据屏障斩去。亮蓝色剑光此起彼伏，两个数据屏障瞬间分崩离析，但碎片并未像碎玻璃一样散落一地，而是化作一阵淡蓝色的乱码，消失在了半空中。从根源上抹除物体在数据世界中的存在，这就是源码之剑能成为 Aha Planet 中绝对神器的原因。

地面猛烈一震，紧接着传来英菲妮特的呼喊。传送矩阵已经启动了。啊哈沃德回头，在两个被击碎的数据屏障处略略停留，然后纵身跃入传送矩阵之中。

传送矩阵带着啊哈沃德和英菲妮特急速上升。与下坠带来的失重感不同，当乘坐在急速上升的电梯中时，乘客会感觉到超过自身重量的压迫，即超重感。这种感觉同样让啊哈沃德感到不适。

好在这一过程并没有持续多久。仅经过十几秒之后，他们就伴随着"哐当"一声，被抛在另一间与之前风格相似的传送矩阵间了。同样有两座锥形的数据屏障阻断了通往传送矩阵的数据流。

这间房间和上一间房间布局非常相似，唯一的不同是，两座锥形的数据屏障紧紧挨在了一起，让之前围绕每座数据屏障的四面行进一圈的方法不再适用了。

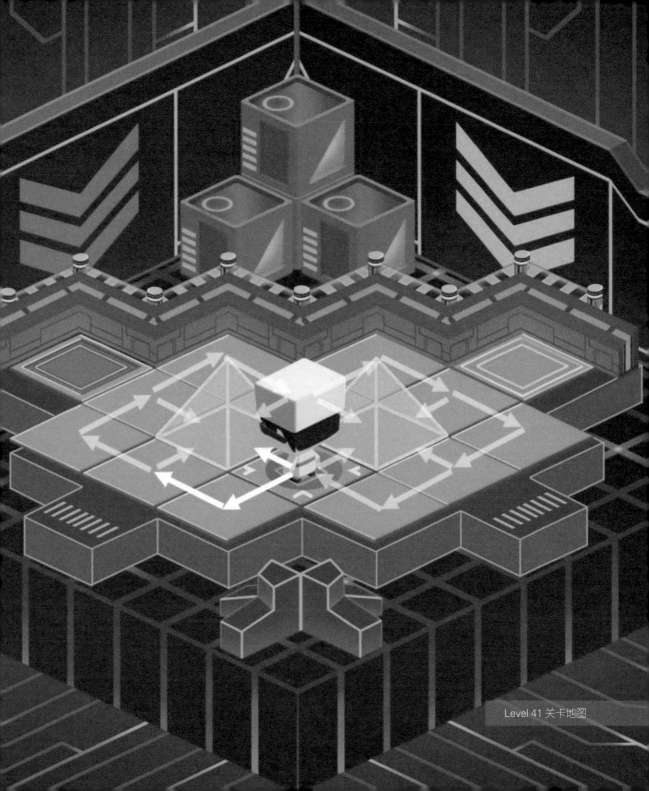

Level 41 关卡地图

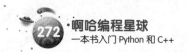

如果把任务步骤按照分解思维进行拆分，并写成伪代码的话，首先仍需要建立一个2次的外层循环。在每一次外层循环中，击碎数据屏障的前三个面可以通过内层循环来实现，每次击碎数据屏障的一个面，并移动到下一个面跟前。然而在击碎最后一个面后，就不能绕回最初的位置了，而应该直接左转，朝向下一个数据屏障。因此整体的逻辑思路应该是这样的。

Level 41任务逻辑思路伪代码：

Python：

```
for i in range(2):
    for i in range(3):
            击碎数据屏障的一个面
            转到下一个面跟前
    击碎数据屏障的最后一个面
    转向下一个数据屏障
```

C++：

```
#include <bits/stdc++.h>
using namespace std;
int main()
{
    for (int i = 1; i <= 2; i++)
    {
        for (int i = 1; i <= 3; i++)
        {
            击碎数据屏障的一个面;
            转到下一个面跟前;
```

```
    }
        击碎数据屏障的最后一个面
        转向下一个数据屏障
    }
    return 0;
}
```

在将伪代码使用得轻车熟路之后，啊哈沃德觉得没有必要再分步书写代码了。他双手在虚拟键盘上一阵噼里啪啦敲打，很快用正式代码替换掉了伪代码中的中文部分，写出了完整代码。

Level 41通关代码：

Python：

```python
for i in range(2):
    for i in range(3):
        hit()
        left()
        forward()
        right()
        forward()
        right()
    hit()
    left()
```

C++：

```cpp
#include <bits/stdc++.h>
```

```cpp
using namespace std;
int main()
{
    for (int i = 1; i <= 2; i++)
    {
        for (int i = 1; i <= 3; i++)
        {
            hit();
            left();
            forward(1);
            right();
            forward(1);
            right();
        }
        hit();
        left();
    }
    return 0;
}
```

上述代码中前进一步和右转的过程重复了两次，如果使用循环来实现的话，还可以进一步简化。

Level 41完美通关代码：

Python：

```python
for i in range(2):
    for i in range(3):
        hit()
        left()
        for i in range(2):
            forward()
            right()
    hit()
    left()
```

C++：

```cpp
#include <bits/stdc++.h>
using namespace std;
int main()
{
    for (int i = 1; i <= 2; i++)
    {
        for (int i = 1; i <= 3; i++)
        {
            hit();
            left();
            for (int i = 1; i <= 2; i++)
            {
                forward(1);
```

```
            right();
        }
    }
    hit();
    left();
}
return 0;
}
```

按下运行按钮，啊哈沃德"唰唰"几剑就击碎了阻断数据流的数据屏障。"快启动传送矩阵！"他对英菲妮特喊道。

"等等，数据流还是没有达到临界值。"英菲妮特眉头紧锁，双手源源不断地往传送矩阵中输送源码能量。

"不会吧，数据屏障明明已经被击碎了啊！"啊哈沃德说。就在他转身检查数据屏障的残骸时，突然愣住了……在被击碎的数据屏障处，出现了两个巨大的数据方块。这些代码块脱离了原有的位置，占据了数据通道的大部分带宽，使得传送矩阵无法正常运行。

"这些数据方块不是应该在数据之涧中吗？怎么这里也有？难道A.H.A.特工们一直都没有发现他们身边的这些bug？"

"不，我觉得这些bug可能就是让A.H.A.特工消失的原因。"英菲妮特语气中带着一丝不易察觉的消沉。

"什么？"啊哈沃德一时没有听懂这句话的意思。

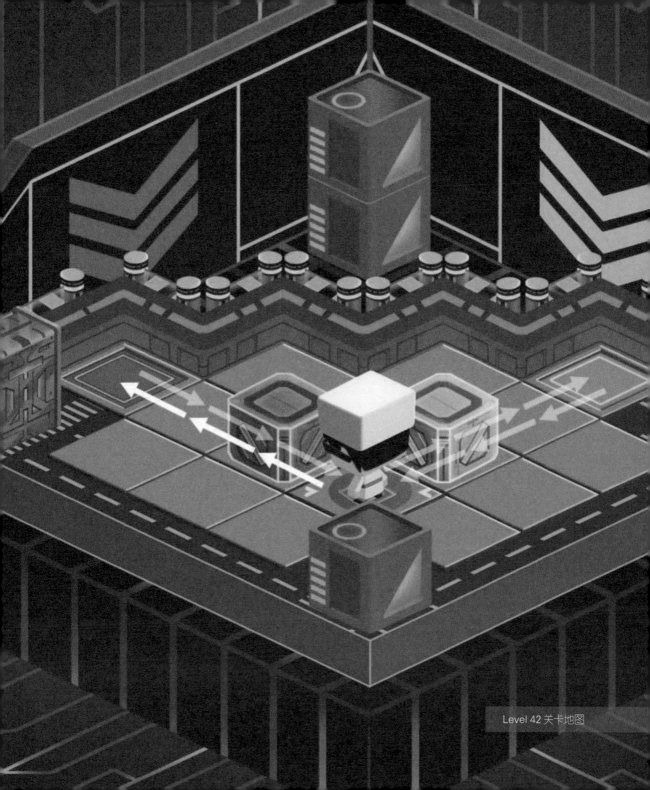

Level 42 关卡地图

"只是直觉而已。"英菲妮特回答,"先别管这些了,快把这些数据方块还原,我们离开这里再说。"

啊哈沃德困惑地挠了挠头。如果不把这些数据方块归位,就无法启动传送矩阵。林克可不会等他们把一切都想明白。想到这里,啊哈沃德心中不由得焦急起来。他呲了呲嘴,开始思考把数据方块归位的办法。

两个数据方块对应的缺口都在它们前方2格的位置,因此可以先写出一个执行2次的外层循环。而在每次外层循环中,需要先把一个数据方块推进对应颜色的缺口,然后转身回到起点位置,转向另一个数据方块的方向。

Level 42任务逻辑思路:

Python:

```
for i in range(2):
    把当前数据方块向前推2格
    转身,前进2格返回起点
    转向下一个数据方块
```

C++:

```
#include <bits/stdc++.h>
using namespace std;
int main()
{
    for (int i = 1; i <= 2; i++)
    {
        把当前数据方块向前推2格;
```

```
        转身，前进2格返回起点；
        转向下一个数据方块；
    }
    return 0;
}
```

把数据方块向前推2格的操作可以通过一个2次的内层循环实现，每次内层循环中包含推和前进1格的操作，而后面的转身、前进2格、转向下一个方块的过程，使用顺序结构就可以实现了。啊哈沃德不再多想，很快就写出了完整的代码。

Level 42完美通关代码：

Python：

```python
for i in range (2):
    for i in range (2):
        push()
        forward()
    right()
    right()
    forward(2)
    left()
```

C++：

```cpp
#include <bits/stdc++.h>
using namespace std;
int main()
{
```

```
for (int i = 1; i <= 2; i++)
{
    for (int i = 1; i <= 2; i++)
    {
        push();
        forward(1);
    }
    right();
    right();
    forward(2);
    left();
}
return 0;
}
```

随着数据方块被推回原来的位置，传送矩阵终于恢复了正常运行的状态。啊哈沃德和英菲妮特跳入传送矩阵，金色的光芒从矩阵中央升起，将他们笼罩……然而就在这时，第三次巨震袭来。这次的震源离他们更近，意味着秘密基地又被林克攻破了一层。剧烈的震动让传送矩阵间轰然倒塌，一块巨石几乎擦着啊哈沃德的后脑勺坠落。

"啊，好险！"啊哈沃德摸着胸口说。要是再慢上哪怕一秒，他恐怕就要成为史上最"悲催"的超级英雄了——手中抱着还没焐热的源码之剑，被埋在无人知晓的A.H.A.秘密基地……然而，他还没庆幸多久，数据通道中就传来一阵剧烈的颠簸。巨石砸中了传送矩阵的操作台，他们偏离了传送目的地。

## 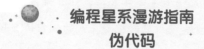 编程星系漫游指南<br/>伪代码

啊哈沃德遇到的问题已经变得越来越难了，不但代码长度越来越长，而且代码结构中的层级嵌套关系也越来越复杂。现在的大家，是否还能坚持下去，和啊哈沃德一起继续前进呢？

有点吃力了吧？别害怕，既然啊哈沃德又获得了一件新的武器，我们也要再来学习一个新的技能，这个技能叫作伪代码（Pseudocode）。

"伪代码？是假代码的意思吗？学它有什么用，我要学真代码！"

别着急。我们说的编程中的伪代码可不是假代码或者错误的代码。伪代码是一种介于自然语言与程序语言之间的，用文字和符号来描述程序逻辑结构的语言形式。其实在本节中，我们已经不知不觉地使用它帮助啊哈沃德破解了 A.H.A. 秘密基地中的机关。

那么为什么要学习伪代码呢？

使用伪代码的主要目的，是在设计复杂程序的初期梳理程序的逻辑思路。前面我们已经学过，整理逻辑思路是书写程序的第一步。对于简单的程序来说，我们可以使用首先、接着、然后、最后这样的连接词来分解。但随着程序越来越复杂，它的结构往往用一两句话就说不清楚了。这时候，把接近自然语言的语句，按照程序结构排列起来，形成结构清晰、步骤简单、可读性好的伪代码，就能够更加方便地整理思路和书写代码了。

使用伪代码的另一个好处是，能够方便使用不同编程语言的人们理解代码的思路。因为不同编程语言的语法差别是很大的，即使是熟练掌握一门编程语言的程序员，在面对另一门陌生语言时也可能感到彷徨。而伪代码以更类似自然语言的形式表现程序的逻辑思路，不过多纠结于具体的语言语法，能够有效地帮助不同编程语言的使用者理解程序的设计目的。

当然，需要注意的是，伪代码通常是不能直接被计算机识别和运行的。因此，用伪代码写出了程序的逻辑思路后，还需要将它转化为正式的编程语言代码。在编程过程中，前面的步骤称为"算法设计"，而后面的步骤称为"代码实现"。

最后，用一个经典老"梗"作为本节的结束吧！

妈妈对小明说："上街去买一斤包子回来，如果看到卖西瓜的，就买一个。"

没过多久，小明回家了，手里捧着一个包子。

妈妈生气地问："让你买一斤包子，怎么只买了一个回来？"

小明无辜地回答："因为我看见卖西瓜的了。"

虽然这只是网上"黑"程序员脑回路不同寻常的段子，但如果妈妈学过伪代码，对小明如下说，也许就不会出现歧义啦！

```
买一斤包子
if  看见卖西瓜的
    买一个西瓜
else
    不买西瓜
```

## 03 消失的特工

坠落的巨石砸在传送矩阵的操作台上，溅起明亮的火花。

猝不及防地，数据通道开始剧烈颠簸。伴随着红色的警报灯闪烁，原本平稳的升降电梯仿佛变成了一辆失控的过山车，载着啊哈沃德和英菲妮特一路狂奔起来。

"啊……啊啊！"两人不约而同地惊呼出声来。

"都3017年了，怎么用虚拟设备玩3D的体验还是这么晕？！"啊哈沃德几乎要吐了。

一阵天旋地转之后，漫长而难以忍受的颠簸终于结束了，他们跌落到一个宽阔的大厅中。啊哈沃德强忍住胃中的翻江倒海，打起精神来环顾四周。

"这里是？"

四周紫色的镭射光束，以及金属材质的墙壁和地板都显示出，他们在A.H.A.秘密基地里。但这里与其说是大厅，倒不如说是一个巨大的迷宫。整个迷宫呈中心对称状，被分成了四块相互独立的区域。他们目前正站在左下角的区域，一段很短的走廊尽头则树立着一座锥形的数据屏障。

"怎么又是数据屏障？"啊哈沃德上前，用源码之剑轻戳淡蓝色的锥形光幕，迸发出噼里啪啦的火花，"可别等好不容易砸开了，发现里面又装着一个……"

击碎数据屏障的同时，啊哈沃德把嘴边的"数据方块"四个字生生吞了回去。

"数据传送节点？"啊哈沃德无语了。这些A.H.A.特工们到底是要闹哪样？把秘密基地修得这么复杂，故意给人添堵吗？

"这是精心设计的迷宫，特工们竭尽所能地在这里设置了各种机关，阻止入侵者闯入。如果我猜得没错，这片迷宫的尽头可能就是连接Aha Planet与现实世界的秘密数据通道。"英菲妮特用手托着脸颊，边思考边说。

啊哈沃德心中一喜："难道我们在误打误撞之间找到了这里？从这里出发，就能返回现实世界了吗？"

"我还不能确定，从刚才传送矩阵中出现数据方块的情况看来，A.H.A.秘密基地似乎已经被乱码渗入了，我不确定Aha Planet与现实世界的连接是否还完好。"英菲妮特说。

无论如何，先把这个区域探索一遍吧。啊哈沃德这样想着，开始规划前进的路线。整个迷宫被分成了四个相似的区域，因此可以先建立一个4次的外层循环，每次循环探索一个区域。

在每个区域中，需要首先前进2步走到数据屏障前，依次击碎数据屏障的四个面，然后进入中央的数据传送节点。和之前的情况一样，击碎数据屏障的前三个面可通过一个3次的内层循环来实现，每次循环击碎当前的面，然后移动到下一个面跟前。但击碎最后一个面之后，就无须再回到第一个面跟前了，只需要前进1步，走进数据传送节点即可。这样一来，逻辑思路便清晰了。

Level 43任务逻辑思路：

Python：

```python
for i in range(4):
```

Level 43 关卡地图

前进2步

```
for i in range(3):
        击碎数据屏障的一个面
        走到下一个面跟前
击碎数据屏障的最后一个面
走进数据传送节点
```

C++:

```
#include <bits/stdc++.h>
using namespace std;
int main()
{
    for (int i = 1; i <= 4; i++)
    {
        前进2步;
        for (int i = 1; i <= 3; i++)
        {
                击碎数据屏障的一个面;
                走到下一个面跟前;
        }
        击碎数据屏障的最后一个面;
        走进数据传送节点;
    }
    return 0;
}
```

有了前面的经验，啊哈沃德对将伪代码转化为正式代码的过程已经驾轻就熟。他略一思考，就写出了通过这里的完整代码。

Level 43完美通关代码：

Python：

```python
for i in range (4):
    forward(2)
    for i in range (3):
        hit()
        left()
        for i in range (2):
            forward()
            right()
    hit()
    forward()
```

C++：

```cpp
#include <bits/stdc++.h>
using namespace std;
int main()
{
    for (int i = 1; i <= 4; i++)
    {
        forward(2);
        for (int i = 1; i <= 3; i++)
        {
```

```
        hit();

        left();

        for (int i = 1; i <= 2; i++)

        {

                forward(1);

                right();

        }

    }

    hit()

    forward(1);

}
```

按下运行按钮，啊哈沃德"唰唰"几剑击碎了迷宫中的数据屏障。被数据屏障保护的数据传送节点显露出来，发出淡蓝、浅绿和淡紫色的光。他们沿着传送节点的路径前进，终于走出了这片错综复杂的迷宫。

在迷宫的出口处，有几间控制室模样的房间。控制室的墙壁上挂着"限制区域，非授权人员禁止进入"的警告标识，但安全门却毫无防备地大敞着。与秘密基地中的其他地方一样，控制室内也空无一人，只有一大片数据方块杂乱无章地堆放在房间的中央。

"不！怎么会这样。"英菲妮特难以置信地叫出了声，"这里已经被入侵了，我们失败了。"

"发生了什么？"啊哈沃德一时间摸不着头脑，"不就是数据方块吗？这里和其他地方有什么不同吗？"

"不，这里是连接Aha Planet与现实世界的数据通道控制室，这里出现了数据方块，说明Aha Planet与现实世界的网络连接已经断开了。"

"网络连接？那是什么？"啊哈沃德问。

"你知道你是怎么进入数据世界的吗？"英菲妮特问啊哈沃德。

"不是通过光脑系统吗？"啊哈沃德努力回忆着光脑全息成像装置说明书上的文字：在联网状态下，启动CodeAha光脑系统主机，然后点开Aha Planet的应用程序，就可以进入神奇的数据世界啦。

"不完全正确。你能够进入数据世界，本质上是通过连接互联网实现的。但当你使用光脑全息成像装置的时候，并不是你本人进入了Aha Planet，而是在Aha Planet中生成了一个属于你的身份标识。"英菲妮特说，"现实世界中的你在互联网上通过操作这个身份标识，在Aha Planet中进行各种活动。"

啊哈沃德点点头。他想起很早以前有一部叫作《阿凡达》[1]的电影，讲的就是人类穿上阿凡达的躯壳，在遥远的潘多拉星球探险的故事。自己在Aha Planet中的探险应该也是类似的吧。

"但是，互联网中有一套重要的规则，被称为互联网协议。它规定了计算机连入互联网的方式，是计算机连接互联网时必须遵守的约定。一旦互联网协议遭到破坏，用户将无法连接互联网，从而断开与Aha Planet的连接。"英菲妮特说。

"A.H.A.特工们建立了这座秘密基地，又兴师动众地设下重重防御，就是为了保护连

---

1 《阿凡达》：詹姆斯·卡梅隆执导的科幻电影，于 2009 年上映。

接现实世界与 Aha Planet 之间的数据通道的安全。但即便是这样，还是没能使它避免遭到暗中破坏。"

"难道说这座 A.H.A. 秘密基地空无一人，是因为有人破坏了网络连接，导致 A.H.A. 特工们集体掉线？"啊哈沃德意识到了问题的严重性，"是林克干的吗？"

"不只是这里，整座数据都市都空无一人。恐怕林克已经断开了整个 Aha Planet 与现实世界的网络连接。Aha Planet 变成了一座孤岛，我们陷入了彻底孤立无援的绝境。现在，根据 Aha Planet 系统程序给出的事实预测，我们逃脱的机会连 1% 都不到了。"

英菲妮特缓缓地蹲下身子，蜷缩成一小团说道："我好害怕，我不敢想象自己再次被当成样本进行研究的样子，我害怕再被囚禁到那座不见天日的实验室中。我真的好害怕……"

片刻的沉默过后，只有警报声在秘密基地中回响。在距离他们不远的楼下，高级人工智能林克正带领着大批冗兵，一层层地突破秘密基地的防御。

"你们人工智能都喜欢按照数学概率来计算，还真是没意思呢！"啊哈沃德突然打破了沉默。

"咦？"

"你听过人类社会中流传的传说吗？古时候有一只名为精卫的鸟，因为前世被大海夺走了生命，就叼来石子和树枝填平了东海[1]。还有一个名为愚公的人，因为大山挡住了他

---

1　精卫填海：出自《山海经》。

家门前的道路，就带领全家老小一起搬走了大山[1]。"

"填平大海？搬走大山？那是根本无法实现的事情啊！"英菲妮特困惑地抬起头。

"那又有什么关系呢？"啊哈沃德认真地直视她的眼睛，"如果要做一件事，就应该拼尽全力去完成它。精卫填海和愚公移山的故事告诉我们，正是因为他们敢于用微不足道的力量对抗几乎不可能完成的任务，才成就了伟大的神话传说。和他们面对的困难相比，区区一个林克又算得了什么呢？我答应过你，再也不会让你被抓回那座实验室。"啊哈沃德伸出手，拉起脸颊上还挂着眼泪的英菲妮特。

"来吧，我需要你的帮助。如果没有逃脱的可能了，我们就在这里和林克战斗。"他扬起手中的源码之剑，剑身发出亮蓝色的光芒，仿佛破晓时分刺破黑暗的阳光，"而我，已经有了打败他的计划。"

计划的第一步是修复被林克破坏的数据通道。啊哈沃德检查着控制室中杂乱无章的数据方块。第一间控制室不大，呈对称的正方形状，似乎是一个巨大的引擎。一共有四个数据方块脱离了原有的位置，分别占据了房间的四个角落。将它们全部归位就能够恢复这间控制室的功能。这对啊哈沃德来说并不困难。之前在数据之涧的时候，他已经推过不下一百个数据方块了。

简单思考之后，啊哈沃德决定先按顺时针方向尝试。先左转，面对绿色方块，然后开始4次循环，在每次循环中，先把面前的数据方块推进对应的位置，然后依次前进、右转、前进，走到下一个数据方块前。经过这样4次循环后，自己将回到当前所在的位置。之后右转、前进，进入中央传送矩阵即可。这个思路甚至没有使用到循环嵌套，直接写出

---

1 愚公移山：出自《列子·汤问》。

Level 44 关卡地图及顺时针走法路线图

代码即可。

Level 44通关代码：

Python：

```
left()
for i in range (4):
    push()
    forward()
    right()
    forward()
right()
forward()
```

C++：

```cpp
#include <bits/stdc++.h>
using namespace std;
int main()
{
    left();
    for (int i = 1; i <= 4; i++)
    {
        push();
        forward(1);
        right();
        forward(1);
    }
```

```
    right();
    forward(1);
    return 0;
}
```

但真的这么简单吗？啊哈沃德检查着代码，在心中默默思索。他们的行动必须足够迅速，因为一旦任意一间控制室被重新激活，都会让林克发现动静，径直朝他们赶来。因此行动中写出的每一行代码都必须是最精简的。上面这段代码中还是出现了重复的右转和前进动作，是不是意味着还能够进一步简化？

也许换一个方向能得到不同的思路。啊哈沃德决定按逆时针方向进行尝试。如果这样的话，一开始同样需要建立一个4次的循环，在每次循环中，要先转到右侧数据方块的背后，把数据方块推进它对应的位置，然后移动到下一个方块的位置。等四个数据方块全部归位之后，自己同样会回到当前的位置，前进一步即可进入传送矩阵。按照这个思路，啊哈沃德开始了新代码的书写。

Level 44通关代码：

Python：

```python
for i in range (4):
    forward()
    right()
    forward()
    right()
    push()
    right()
```

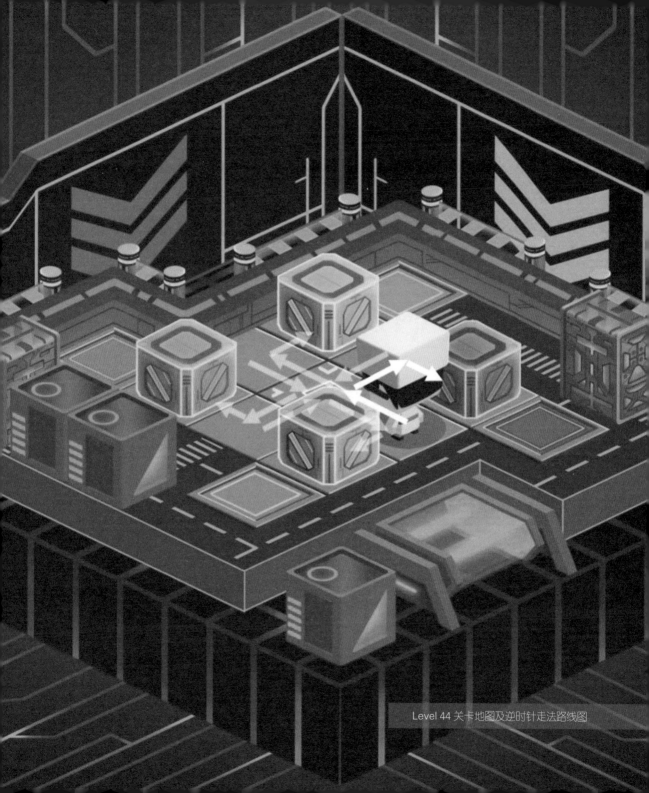

Level 44 关卡地图及逆时针走法路线图

```
forward()
```

C++:

```cpp
#include <bits/stdc++.h>
using namespace std;
int main()
{
    for (int i = 1; i <= 4; i++)
    {
        forward(1);
        right();
        forward(1);
        right();
        push();
        right();
    }
    forward(1);
    return 0;
}
```

啊哈沃德发现，这样一来，重复的前进、右转就连在一起了，通过加入一个2次的内层循环，即可实现代码的简化。

Level 44完美通关代码：

Python：

```python
for i in range (4):
```

```
    for i in range (2):
            forward()
            right()
    push()
    right()
forward()
```

C++:

```cpp
#include <bits/stdc++.h>
using namespace std;
int main()
{
    for (int i = 1; i <= 4; i++)
    {
        for (int i = 1; i <= 2; i++)
        {
            forward(1);
            right();
        }
        push();
        right();
    }
    forward(1);
    return 0;
}
```

伴随着"吭哧"一声,最后一个数据方块被推进了对应的缺口。数据流沿着控制室的逆时针方向奔涌,发出阵阵咆哮声,被修复的引擎开始全功率地运行起来。

"引擎控制室已经恢复了正常运转,数据流正在源源不断地产生。"英菲妮特精神一振,"快,去第二间控制室,修复数据导管!"

数据导管控制室道路曲折,一个巨大的数据方块挡在了通道的入口处,正好阻断了数据流的传输。淡蓝色的数据流冲击着数据方块,如同拍打礁石的海浪,溅起阵阵耀眼的火花。

"这个数据方块阻断了数据流的传输,我们必须把它推到对应的缺口里。"英菲妮特说。

"又到推箱子的时候了。"啊哈沃德把手指掰得直响,"不就是推到附近的……"

他环视四周,才在走廊的尽头找到数据方块对应的缺口,不但距离遥远,还要转过九曲十八弯。"我越来越觉得林克是在故意给我们'添堵',对,就是字面意义上的添堵。"啊哈沃德愤愤地说。

仔细观察了数据导管控制室的布局,啊哈沃德决定使用分解思维来解决这个问题。首先,整条回廊可以分成三段重复的部分,可以先建立一个3次的外层循环。而在每次循环中,需要先转到数据方块背后,然后再把数据方块向前推动3格。转到数据方块背后的步骤是左转一次、重复前进和右转2次。而把数据方块向前推动3格的步骤为重复3次推和前进的动作。这两部分可以分别通过两个内层循环来实现。将分解后的步骤转化为代码,就可以得到通过方法了。

Level 45 关卡地图及路线图

Level 45完美通关代码：

Python：

```python
for i in range (3):
    left()
    for i in range (2):
        forward()
        right()
    for i in range (3):
        push()
        forward()
```

C++：

```cpp
#include <bits/stdc++.h>
using namespace std;
int main()
{
    for (int i = 1; i <= 3; i++)
    {
        left();
        for (int i = 1; i <= 2; i++)
        {
            forward(1);
            right();
        }
        for (int i = 1; i <= 3; i++)
        {
```

```
            push();
            forward(1);
        }
    }
    return 0;
}
```

随着阻断数据流的数据方块被推进对应的缺口，数据导管重新恢复了通畅。引擎中产生的数据流如同被疏通的河水，源源不断地充满了整根数据导管。他们顺着数据流的方向前进，来到第三间控制室。

数据导管在这间控制室中出现了分支，两个支流被中间的一个数据传送节点连接，而每个支流的起点处都阻挡着一个数据方块。

"这好像是最后一间控制室了。"啊哈沃德说。

"快要成功了，将这两根数据导管中的阻塞物清除，然后启动中央控制室的阀门，应该就能够恢复Aha Planet与现实世界的连接了！"英菲妮特说。

但她突然顿了顿，脸上再次浮现出担忧的神情："林克好像已经察觉到我们的计划了。他手下的冗兵也正在赶往那里。剩下的时间不多了，我们必须加快脚步！"

啊哈沃德皱眉，仔细端详着房间中数据导管的走向。很快，他发现两个分支几乎是呈中心对称的，第一个从起点到数据传送节点的路径，和第二个从数据传送节点到终点的路径完全相同。因此，通过一个重复2次的外层循环，就可以把修复这两根数据导管的代码长度缩短一半。而在每次的循环中，需要先把数据方块向前推动2格使其顶到墙壁，再左

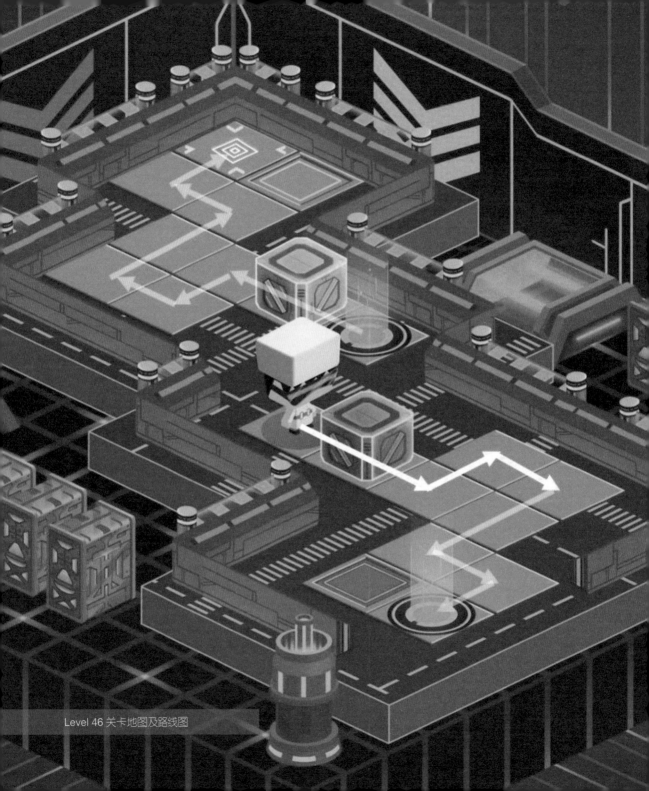

Level 46 关卡地图及路线图

转、重复2次前进和右转的动作绕到数据方块后面，再把数据方块向前推动2格推进缺口，最后左转、重复前进和右转的动作2次，然后进入数据传送节点。这个过程如果转化为代码应该是这样的。

Python：

```python
for i in range (2):
    for i in range (2):
        push()
        forward()
    left()
    for i in range (2):
        forward()
        right()
    for i in range (2):
        push()
        forward()
    left()
    for i in range (2):
        forward()
        right()
```

C++：

```cpp
#include <bits/stdc++.h>
using namespace std;
int main()
{
    for (int i = 1; i <= 2; i++)
```

```cpp
    {
        for (int i = 1; i <= 2; i++)
        {
            push();
            forward(1);
        }
        left();
        for (int i = 1; i <= 2; i++)
        {
            forward(1);
            right();
        }
        for (int i = 1; i <= 2; i++)
        {
            push();
            forward(1);
        }
        left();
        for (int i = 1; i <= 2; i++)
        {
            forward(1);
            right();
        }
    }
    return 0;
```

```
    }
```

等等，啊哈沃德写完这一段冗长的代码后突然发现，尽管从路线中不容易看出，但实际上每次外层循环里推动数据方块2格、左转、重复2次前进和右转动作的这部分代码又重复出现了2次。如果用循环来表示的话，也就是这部分的内容实际重复了2×2=4次。根据之前的经验，直接把外层循环中的次数修改为4，就可以让代码的总长度再次缩短一半。啊哈沃德这样想着，开始对自己的代码进行修改。

Level 46完美通关代码：

Python：

```python
for i in range (4):
    for i in range (2):
        push()
        forward()
    left()
    for i in range (2):
        forward()
        right()
```

C++：

```cpp
#include <bits/stdc++.h>
using namespace std;
int main()
{
    for (int i = 1; i <= 4; i++)
    {
```

```
        for (int i = 1; i <= 2; i++)
        {
                push();
                forward(1);
        }
        left();
        for (int i = 1; i <= 2; i++)
        {
                forward(1);
                right();
        }
    }
    return 0;
}
```

在虚拟键盘上一阵"噼里啪啦"，啊哈沃德终于干掉了那些碍眼的重复步骤，得到了一份简单的代码。稍加检查，确认代码中没有错误之后，他按下了运行按钮。很快，两个数据方块被推回对应的缺口，最后一段阻塞的数据导管也恢复了通畅。

此时此刻，在现实世界中的高阶黑客管理局A.H.A.总部里，负责维护数据宇宙治安的A.H.A.首席执行官正在办公室中焦急地踱步。

与Aha Planet的连接已经中断好几个小时了。与平时遇见的技术性故障不同，这次大规模掉线覆盖了Aha Planet几乎全部的区域。几十名网络工程师立即开始进行紧急修复，却迟迟不见效果，而潜伏在Aha Planet中的特工也相继失去了联系。他越来越深信，这是一次有预谋的叛乱。人工智能锁上了现实世界与Aha Planet之间的无形之门，把人类阻挡在了数据世界以外。

"再做最后一次尝试吧。"首席执行官带着沉重的语气说，"如果还无法收到来自Aha Planet的回复，我们就只能遗憾地宣布，永久失去与这颗星球的连接了。"

网络工程师不抱希望地最后一次向Aha Planet发出了通信信号。然而，出乎他意料的是，原本一片漆黑的显示器上出现了模糊的画面。

"老大！有情况！"工程师激动得几乎跳了起来。他敲击了几下虚拟键盘，显示器中的画面很快被投影到办公室的正中央。画面中，手持光剑的男孩和扎着双马尾的小女孩正手把手努力修复着A.H.A.秘密基地中央控制室中的乱码。

首席执政官精神为之一振："所有特工做好准备！这场战斗我们还没有输。这个男孩为我们争取到了最后的希望。"

# 编程星系漫游指南
## 上不了网

今天星期五，源码巨人回到家中。他惬意地打开电脑，满心期待地想要登录 Aha Planet 畅游一番。然而等待了十几分钟，浏览器中也没有出现 Aha Planet 熟悉的风景，而是跳出了一行提示：未连接到互联网。

"林克，你到底在搞什么鬼！"源码巨人掀桌子的动静响彻整个数据宇宙。

上不了网，可能是大家日常生活里遇到最头疼的问题之一。网页无法浏览，邮件不能收发，通信、购物、娱乐工具统统失灵。有心说使用搜索引擎查一下解决方案，结果网都上不了，还哪有搜索引擎可以用？

不过源码巨人作为数据宇宙的创世元老，可不会被上不了网这点小困难给难住。让我们看一看他是怎么解决这个问题的吧。

第一步，检查物理线路。计算机想要加入互联网，首先必须保证物理层是联网状态的。常见的物理连接方式包括使用光纤或电缆（即我们常说的网线）的有线连接，和通过 Wi-Fi 的无线连接。当物理线路被断开时，计算机右下角的网络连接图标上会出现一个红色的小叉。这时候，就应该检查一下是不是网线没插好，或 Wi-Fi 没打开。

第二步，检查网卡驱动。网卡的学名是网络适配器，是进行网络数据收发和编解码的计算机硬件。网卡未插好、网卡驱动安装不正确等，也会导致计算机无法上网。这时可以依次打开"我的电脑""设备管理器"，在"网络适配器"一栏查看网卡是否安装正常。新电脑无法上网，或者电脑重装系统后无法上网，有可能是网卡出了问题所导致的。

第三步，检查网络设置。除了上面两步，计算机想要加入互联网，还需要保证网络协议设置正确，包括 TCP/IP、网关、DNS 等。通俗地说，TCP/IP 是计算机网络之间相互通信的协议，网关是从一个网络通向其他网络的"关口"，DNS 则用来解析互联网上的域名与 IP 地址的对应关系。它们是计算机连接互联网时遵守的一系列规则。

当这些网络设置出现问题时，会导致明明连着网却无法访问网页，而计算机右下角的网络连接图标上通常会出现一个黄色的感叹号。在这种情况下，我们可以尝试在"TCP/IPv4 属性"中将 IP 地址和 DNS 服务器的地址改为自动获取，在 CMD 窗口中使用 ipconfig /release、ipconfig /renew 命令来重新获取 IP 地址，或使用 ipconfig /flushdns 命令来清除 DNS 缓存。这些复杂的设置和命令可能有点难记，好在现在许多电脑的安全软件中都增加了网络诊断功能，运行网络诊断，往往就能自动修复网络设置的问题了。

通过以上三步，我们能够排除大部分电脑上不了网的问题。剩下的少数情况，比如调制解调器（俗称猫）故障、路由器故障、网站服务器故障等，则属于比较特殊的情况，需要具体问题具体分析。而如果你正在计算机课堂上开着网页到处乱点，突然发现上不了网了，那可能是因为管理员（也就是计算机老师）限制了你的上网权限，这时候就不要挣扎了，老老实实关掉网页，认真听讲吧。

好啦，以上是针对电脑上不了网的几条基本解决方案。想要成为合格的 A.H.A. 小黑客，可不能被上不了网的问题给难住了。话说林克偷偷断开了 Aha Planet 与现实世界的网络连接，而这个阴谋诡计已经被啊哈沃德和英菲妮特识破，想知道他们将怎样挫败林克的阴谋吗？快跟着啊哈沃德的脚步，在 Aha Planet 中继续探索吧！

## 04 命运之战

"快，前往中央控制室！"

英菲妮特与啊哈沃德并排奔跑在A.H.A.秘密基地的走廊上。而在秘密基地的另一边，林克和他手下的冗兵也正在赶往同一个地方。双方的目的地是一样的，目标却截然相反：林克，这个诡计多端又拥有强大源码之力的讨厌人工智能，破坏了连接现实世界与Aha Planet的数据通道，企图以此实现他统治Aha Planet的邪恶计划；而啊哈沃德，必须启动中央控制室的数据流阀门，恢复连接现实世界与Aha Planet的数据通道，来阻止这一切的发生。

金属墙面上传来沉重的撞击声。啊哈沃德和英菲妮特心中一紧，赶紧闪身躲到角落的阴影之中。没过一会，厚重的金属墙面上出现了裂痕，翻转扭曲，撕开了一个一人多高的大洞。蓝色的三角形脑袋从洞中探出来。

待这只怪物完全跻身房间，啊哈沃德才看清楚它的相貌。那是一只非人类外貌的怪物，长着三角形的脑袋，整个面部和头顶连成一体，形成一个类似水晶的菱形尖角。它的身体中散发出淡淡的数据流光芒，却又坚硬得如同披甲戴鳞一般，一对发光的眼睛直视前方。它的动作生硬且机械化，不具有任何智能生物应有的优雅。而从它们强壮的身躯和手中危险的武器看来，它们被生产出来的目的只有一个——破坏。

"是冗兵，林克的数据怪物们抢先一步了。"英菲妮特小声说。

"只能打过去了。"啊哈沃德低声说。

冗兵正一个接一个地进入走廊，不知道后面还有多少。好在它们体型笨重，而通道比较狭窄，只容得它们一个个地通过。如果不趁着现在各个击破，等它们全部涌入房间，形成包围之势，将会更加难以对付。

啊哈沃德这样计划着，随即握紧了手中的源码之剑。正要出发，突然感到一只柔软的手拉住了他的胳膊。

"这些怪物智商不高，但是非常强壮。不要和它们正面交锋。利用它们反应迟钝的缺点，从侧面发起攻击，也许能够帮我们争取一点优势。"英菲妮特说，眼中充满了真诚的关切，"还有，一定要小心。"

啊哈沃德点了点头，开始沿着墙角小心翼翼地前进。他发现冗兵似乎只能看到眼前不远的地方。因此他先前进了1步，然后没有选择继续前进，而是依次右转、前进、左转、前进2步、左转，来到了冗兵的侧面。趁着冗兵没有防备，啊哈沃德高高举起喷发着淡蓝色火焰的源码之剑，朝着冗兵的脑袋直劈下去。

火花四溅，冗兵脑袋上坚硬的甲壳裂开，淡蓝色的源码从中流出。受伤的冗兵立刻做出反应，怒吼一声，举起手中的电击枪向啊哈沃德刺来。

居然一击杀不死。啊哈沃德不禁咂舌。他挥剑挡开刺来的长枪，沉重的冲击让他全身颤抖。赶在冗兵发起第二次攻击之前，啊哈沃德再次挥剑。源码之剑刺入甲壳的缝隙，击碎了冗兵的数据核心。伴随着一声哀号，这只丑陋的数据怪物眼中的光芒消退，身体无力地瘫倒，最后化作一摊淡蓝色的代码，消失在了空气中。

啊哈沃德还没来得及喘口气，第二个冗兵已经挤了进来。啊哈沃德观察房间地形，发现攻击这只怪物的过程和前一只一样，也需要前进、右转、前进、左转、前进2步、左

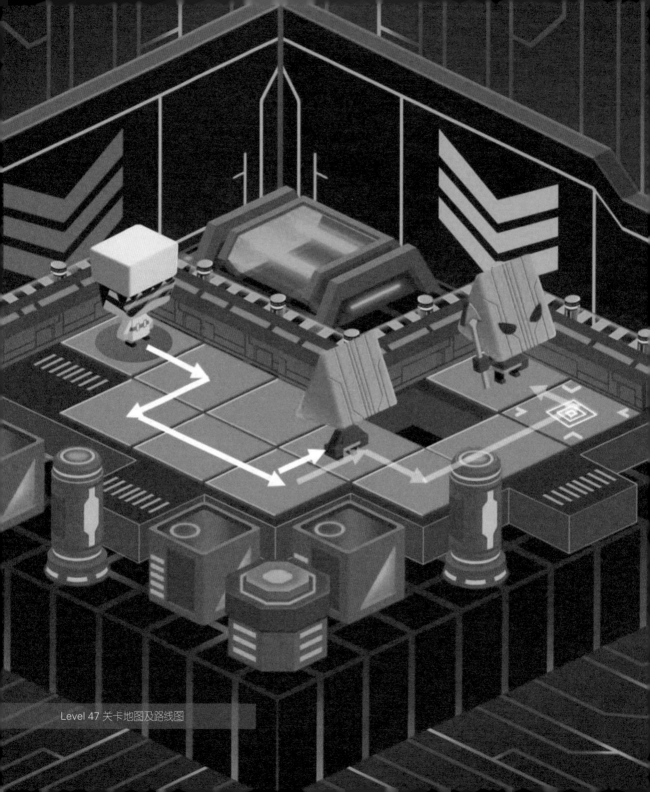

Level 47 关卡地图及路线图

转、攻击2次。他略一思考，很快用循环结构写出了代码。

Level 47完美通关代码：

Python：

```python
for i in range (2):
    forward()
    right()
    forward()
    left()
    forward(2)
    left()
    hit()
    hit()
```

C++：

```cpp
#include <bits/stdc++.h>
using namespace std;
int main()
{
    for (int i = 1; i <= 2; i++)
    {
        forward(1);
        right();
        forward(1);
        left();
        forward(2);
```

```
        left();
        hit();
        hit();
    }
    return 0;
}
```

"呼！终于消灭掉了。"啊哈沃德擦了擦额头上的汗水。第二个冗兵挤在狭窄的走廊中，没法从侧面发起偷袭，啊哈沃德只能与它正面交手，因此承受了怪物的三次攻击。怪物的力量大得可怕，每次过招都让啊哈沃德双手发麻。若不是源码之剑及时把这些数据怪物送回了数据虚空，恐怕再战一个回合，自己也会因为体力不支而倒下了。

一道淡蓝色的源码光束从英菲妮特手中射出，轻柔地笼罩在啊哈沃德身上。他感到一股温暖的能量充满全身，战斗的损伤也逐渐恢复了。

啊哈沃德看向英菲妮特，这个人工智能小女孩正在专心地引导源码光束，帮自己治疗受伤的身体，秀眉微蹙的模样让人心生怜惜。这也是源码的力量吗？同样的力量，可以给人带来温暖，却也可以造成破坏。同样是人工智能，有像英菲妮特这般善良的，却也有像林克那样邪恶的。正因为如此，决不能让这场战争发展为人类与人工智能的全面战争，那样会有无数无辜者被卷入其中。他们必须要找到办法，打败这一切的始作俑者——林克。

英菲妮特修复完啊哈沃德身上的伤口，抬起头，发现他正呆呆地看着自己，她脸上微微一红，问："怎么啦？"

"啊，没什么。"啊哈沃德尴尬地挠了挠头，"让我们继续前进吧，希望现在赶去中央控制室还来得及。"

他们小心翼翼地钻过金属墙壁上的巨大缺口，沿着狭窄的走廊前进。尽管这条通道狭窄且拥挤，让与冗兵迎面相遇的危险大大增加，但沿着这些数据怪物留下的痕迹顺藤摸瓜，是找到中央控制室最快的办法。

向前行走了一阵，他们进入一间宽阔的房间。房间大厅中陈设复杂，几台模样怪异的装置占据了大部分空间，只在四周留下一条曲折的通道。通道中央，三个手持电击枪的冗兵正警戒地看守着大厅中央的某样东西。

"看，控制阀门就在中央控制室的正中心。把那两个数据方块推回对应的缺口，就能修复连接Aha Planet与现实世界的数据通道了。"啊哈沃德低声说。

但是怎么做呢？啊哈沃德陷入了犹豫。且不说启动阀门的过程，单看走廊上三个荷枪的冗兵，每一个都不是能够轻松对付的，如果和它们硬碰硬，自己肯定不是对手。

"我们需要制订一个作战计划。"英菲妮特说，"现在的任务非常复杂，我们需要综合运用之前学过的所有技能，把复杂任务拆解成一步一步，然后完成。从最笼统的层面上来说，我们的任务应该分成消灭冗兵、启动控制阀门这两部分。"

Level 48作战计划：

Python：

```
消灭冗兵
启动控制阀门
```

C++：

```
#include <bits/stdc++.h>
using namespace std;
int main()
```

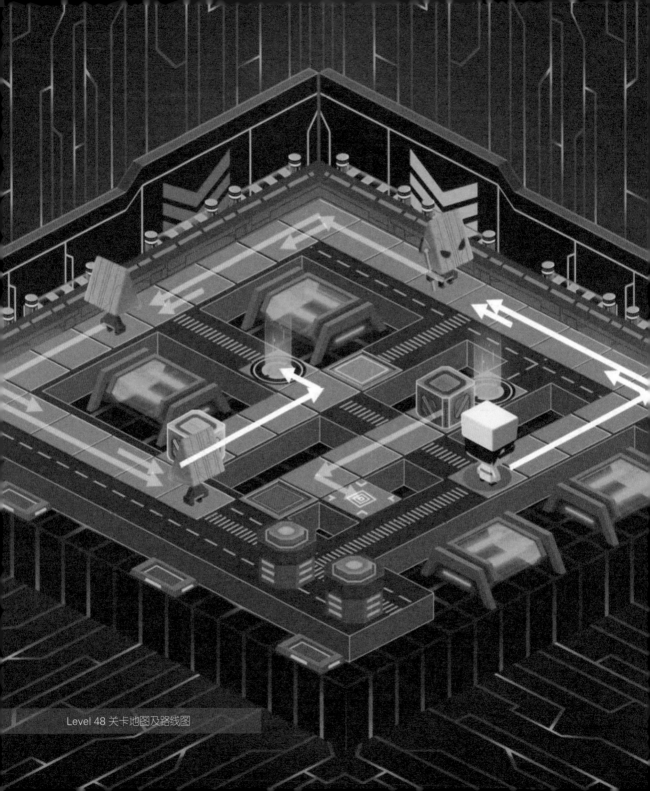

Level 48 关卡地图及路线图

```
{
    消灭冗兵;
    启动控制阀门;
    return 0;
}
```

"三个冗兵分别在三条走廊的中间,因此我们可以使用一个3次的循环来分别消灭他们。而想要启动控制阀门,我们需要把房间中央的两个数据方块推进它们对应的缺口,这一部分也可以通过一个2次的循环来实现。因此现在的作战计划可以进一步分解。"

Level 48逻辑思路:

Python:

```
for i in range (3):
    消灭一条走廊上的冗兵
for i in range (2):
    把一个数据方块推进缺口
```

C++:

```
#include <bits/stdc++.h>
using namespace std;
int main()
{
    for (int i = 1; i <= 3; i++)
    {
        消灭一条走廊上的冗兵;
    }
```

```
    for (int i = 1; i <= 2; i++)
    {
            把一个数据方块推进缺口；
    }
    return 0;
}
```

　　"冗兵很强壮，我们要避免和它们正面交锋。但之前拿到的数据枪可以帮助我们。它发射的电脑病毒子弹可以让冗兵的程序陷入混乱，帮我们争取优势。这样一来，我们消灭一个冗兵的过程可以分解为前进4步、在角落左转、用数据枪攻击冗兵、前进4步、用源码之剑攻击冗兵2次，将这一过程转化为代码即可。"

Python：

```
forward(4)
left()
fire()
forward(4)
hit()
hit()
```

C++：

```
forward(4);
left();
fire();
forward(4);
hit();
```

```
hit();
```

"在消灭这些冗兵之后，我们需要把数据方块推进缺口，启动控制阀门，恢复Aha Planet与现实世界的连接。把一个数据方块推进缺口的过程包括左转、重复4次推和前进动作、左转、前进1步进入数据传送节点，这一过程也可以轻松转化为代码。"

Python：

```python
left()
for i in range (4):
    push()
    forward()
left()
forward()
```

C++：

```cpp
left();
for (int i = 1; i <= 4; i++)
{
    push();
    forward(1);
}
left();
forward(1);
```

"最后，把这些分步的代码代入前面的逻辑思路中，就可以得到完成整个任务的完整代码了。"英菲妮特说。

啊哈沃德点了点头。他心中不禁感叹，从刚刚进入Aha Planet，连迈开脚步行动都困难，到现在挥剑和冗兵战斗，承担起拯救Aha Planet的重任，在这段旅程和冒险中，自己到底发生了多少改变？

他摇摇头，赶走这些无关紧要的思绪，在代码栏中写出了完整的代码。

Level 48完美通关代码：

Python：

```python
for i in range (3):
    forward(4)
    left()
    fire()
    forward(4)
    hit()
    hit()
for i in range (2):
    left()
    for i in range (4):
        push()
        forward()
    left()
    forward()
```

C++：

```cpp
#include <bits/stdc++.h>
using namespace std;
int main()
```

```
{
    for (int i = 1; i <= 3; i++)
    {
            forward(4);
            left();
            fire();
            forward(4);
            hit();
            hit();
    }
    for (int i = 1; i <= 2; i++)
    {
            left();
            for (int i = 1; i <= 4; i++)
            {
                        push();
                    forward(1);
            }
            left();
            forward(1);
    }
    return 0;
}
```

伴随着两个数据方块被推进缺口，"滋啦啦"的电流声响彻整座A.H.A.秘密基地。淡

蓝色的光流从数据引擎中奔涌而出，流经数据导管，再通过控制阀门直冲大际，连接Aha Planet与现实世界的彩虹桥[1]终于打开了。

"我们成功了！"英菲妮特发出一声欢呼。

啊哈沃德斜靠着中央控制室的墙面瘫坐下去，疲惫和伤痛在一瞬间向他袭来，让他几乎想要就地躺倒。英菲妮特蹲坐在他的身旁，引导源码光束为他治疗。啊哈沃德能够明显地感觉到照射在自己身上的温暖力量已经衰弱了很多，如果把英菲妮特比作一枚盛满源码之力的电池，那么电池中的电量早已见底。

整个计划才进行到第二步，我们还要走多远？我们还能走多远？现在，整个Aha Planet的命运都背负在自己身上。如果自己在中途倒下，算不算违背了自己的诺言？

啊哈沃德咬了咬牙，坚持着站起来，然后向林克发送了自己的位置坐标。

"你干什么？"英菲妮特叫出声来，脸上带着难以置信的吃惊神情，"我们不是已经修复了连接Aha Planet和现实世界的数据通道了吗？为什么还要告诉林克我们的位置。"

"不，数据通道的修复不是一劳永逸的。只要林克还在Aha Planet中逍遥法外，他随时可能再次破坏它，或者酝酿其他更危险的阴谋。唯一恢复Aha Planet宁静的办法，就是彻底地打倒他，让他再也没有作恶的机会！"啊哈沃德说。

中央控制室外传来刺耳的巨响。金属墙壁突然变得通红，然后如同热奶油一般化开。透过墙壁烧熔产生的大洞，一个衣着古怪、戴单片眼镜、留着八字胡的中年男子缓步走来。他就是源码实验室的主管，Aha Planet上最强大的人工智能——林克。

---

1 彩虹桥：北欧神话中连接天庭（阿斯加德，Asgard）和人类世界（米德加尔特，Midgard）的道路。

"想要打倒我？你的口气还真是不小啊，小子！"林克冷冷地说，声音不大，却震得整座房间嗡嗡作响，"就算修复了数据通道又怎样，我只要一挥手就能再次摧毁它。你们的雕虫小技在我面前毫无作用！"

说着，他已经开始酝酿源码光束了。淡蓝色的数据能量在他的双手间聚集，很快就达到了刺眼的亮度。

他好强！英菲妮特绝望地想。这道源码光束一旦发射，恐怕整间中央控制室都会在奔涌的数据能量中灰飞烟灭。想要阻止这一切，除非……"然后呢？"身边传来啊哈沃德的声音。她可以听出他的语气中带着明显的紧张。但他依然毫不退缩地站着，直面眼前实力远超自己的林克。

"毁掉中央控制室，让数据宇宙的所有人类和人工智能看到你的暴行？"啊哈沃德指了指头顶直冲天际的光柱说，"别忘了，现在是联网状态，你的一举一动，全都会直播给数据宇宙的所有观众。"

啊哈沃德面带微笑，顿了顿接着说："全数据宇宙的观众都会看到你暴跳如雷的样子。哦，对了，别忘了告诉他们，让一个高级人工智能如此失去理智的原因，竟然是他精心策划的阴谋败在了几乎没有源码之力的人类手中。"

"你说什么？我，林克，Aha Planet上最强大的人工智能，会败给区区一个人类？"林克的脸因为愤怒而变得通红，"你将为挑战我付出生命的代价。让他们看看，我是怎么摧毁你的吧！让他们看看，人工智能和人类到底谁更强大！"

林克咆哮着，把手中聚集的源码光束对准了啊哈沃德。

成功了！啊哈沃德心想。他已经把林克的注意力转移到了自己身上。现在，只要接下这个高级人工智能的全力一击就可以了。源码之剑啊，如果你真的是 Aha Planet 的上古神器，可不要在关键时候掉链子啊！

啊哈沃德用被汗浸透的手握紧了源码之剑的剑柄，对准林克射出的源码光束斩去！

两道光束在半空中碰撞，迸发出的火花照亮了整个实验室的走廊。亮蓝色的数据能量从林克手中不断射出，在碰撞到源码之剑光焰的瞬间被分解为绿色的源码，一时之间，竟然形成了势均力敌的局面。

"你，一个人类，怎么也会拥有源码之力？"林克难以置信地问。

啊哈沃德没有回答，他握剑的手在颤抖，额头上淌下大滴的汗珠，炽热的光焰几乎要灼伤他的眼睛。坚持住，计划马上将进入第三步。在这之前，他必须不断和林克缠斗，不能让他注意到数据通道的动静。

"为什么不说话？难道你已经坚持不住了？你用那微不足道的力量对抗我不过是杯水车薪，而我的力量是无穷无尽的！"

林克狂怒地咆哮，再次加大力量，淡蓝色的光束逐渐将绿色光束吞没。伴随着一声巨响，源码光束击中了啊哈沃德的胸口，把他整个人击飞出去。

"看到了吗？这就是挑战我的下场。人类不可能战胜人工智能，胜利是属于我的！"林克朝着啊哈沃德逼近，脸上带着得意的笑容。

"咳……咳咳……不，你已经失败了。等待你的只有监狱。"啊哈沃德挣扎着站起，伸手，指向林克身后的数据通道。

"什么？"林克一惊，转身看向身后连接Aha Planet与现实世界的数据通道。他脸上的笑容突然消失，开始出现惊慌的神色。

数据通道的出口处升起了一道金色的传送光柱，然后是第二道、第三道……几十道耀眼的光柱从控制室中央升起，组成了一片金色的森林。待到传送光柱的余晖消失，控制室中已经整齐地挤满了几十名头戴全息眼镜的黑衣特工。

消失的A.H.A.特工们回来了。

"抓住他！"特工首领指向林克。

几十名A.H.A.特工一拥而上。林克不甘地怒吼，挣扎着想要反抗。但特工的人数太多了。没过几分钟，他们便把他按倒在地上，将他的双手反铐起来。

"所以这才是你的计划？"英菲妮特心有余悸地问。修复数据通道，大战冗兵，与林克比拼源码之力，到最后A.H.A.特工从天而降，一切发生得太快，让她都没有反应过来。

啊哈沃德点了点头，刚才林克的源码光束把他身上烧焦了一大块，他希望在现实世界里不会留下疤痕。

计划很简单。首先，修复Aha Planet与现实世界的网络连接，恢复与A.H.A.总部的联系。想要把林克抓捕归案，就必须把他引诱出来，否则一旦他察觉到风吹草动，可能会再次躲回源码实验室，因此啊哈沃德主动向他发送了自己的位置坐标。接下来，就是要在A.H.A.特工们重新登上Aha Planet之前分散林克的注意力，不能让他有机会再次破坏数据通道。最后，等到A.H.A.特工准备就绪，就可以开始实施对这个邪恶人工智能的抓捕计划了。

　　"不！放开我，我是Aha Planet上最强大的人工智能，我所做的一切都是为了这个星球！"林克挣扎着大喊。

　　"你所做的一切只是为了你自己，也害了你自己。"啊哈沃德经过他身边并对他说，"另外，你也不是最强大的人工智能。因为真正强大的力量不在拳头上，而在内心里。"

命运之战

## 编程星系漫游指南
## 人工智能的威胁

在英菲妮特和众多 A.H.A. 特工的帮助下，啊哈沃德终于击败了 Aha Planet 中的人工智能反派——林克。

人工智能真的会与人类开战吗？这是诸多科幻小说和电影喜欢设想的场景。在这些作品提出的"奇点"（Singularity）概念中，当全方位超越人类的超级人工智能出现时，人类的命运将变得难以预料。例如，机器人可能会发明消灭人类的超级武器，或者成为地球的主宰统治人类。真是太可怕了！当然，这些都只是科幻小说和电影中出现的场景。实际上，人工智能全面超越人类还是非常遥远的事情。在解释这一点之前，需要先给大家解释一下人工智能的几个不同层级：弱人工智能、强人工智能和超人工智能

弱人工智能指的是只能用于解决特定领域问题的人工智能。不论是击败国际象棋大师的 IBM 计算机深蓝（DeepBlue）、在智力竞赛中战胜人类的 IBM 人工智能 Watson，还是战胜围棋世界冠军的谷歌人工智能 AlphaGo，都属于弱人工智能。尽管在特定领域中，它们可能发挥出远超人类的水平，但它们通常也只能专注于解决这个领域的问题。因此在本质上，弱人工智能只能算作人类所用的技术工具，并不会对人类构成威胁。

强人工智能又被称为通用型人工智能，指的是可以胜任人类大部分工作的人工智能。一般认为，强人工智能的系统中应该包括学习、认知、推理、沟通、创造等方面的能力。这意味着人工智能可以像人类一样进行学习，胜任人类从事的大部分工作，甚至像人类一样进行"思考"。但遗憾的是，人类至今为止仍没有在强人工智能领域取得突破性的进展。

超人工智能指的是在创造力、智力、社交能力等几乎所有领域都远超人类的人工智能。它们是（预测中的）人工智能发展越过"奇点"之后的产物。而人工智能与人类矛盾的开端，往往起源于超人工智能具备了自我复制和进化的能力，开始把人类看作技术落后的阻

碱。不过这一切都还只是科幻小说、电影等艺术作品中的畅想，科学家们尚不能从技术角度给出预测。因此不用担心，在未来相当长的一段时间内，人工智能与人类之间的世界大战都不可能真正发生。

但是！！！真的就没有后顾之忧了吗？

人类真正需要担心的，也许并不是在遥不可及的将来，超级人工智能出现并毁灭人类。而是在一些专业领域中，人工智能相比人类已经表现出了明显的优势，它们消耗的资源更少、工作效率更高，而且更不容易出错。IT界著名大佬比尔·盖茨、李开复等都曾预言：随着技术的发展，越来越多原本属于人类的工作岗位，可能会逐渐由人工智能胜任。

也许这才是当今时代里人工智能对人类的真正威胁吧。科学技术发展是大势所趋，如果无法跟上时代的大潮，将可能面临被淘汰的命运。看到这里，各位小伙伴们是不是更应该握紧手中的源码之剑，努力学习编程技术，成为计算机技术和人工智能技术的掌控者，而不被它们所淘汰呢？

# 尾 声

Aha Planet上的风波终于告一段落了。在A.H.A.网络工程师加班加点的努力下，连接数据世界与现实世界的通道终于被修复如初。

啊哈沃德、英菲妮特，还有A.H.A.首席执行官正并肩站在密室的门口，看着黑衣特工们小心翼翼地把源码之剑放回密室的中央。这件Aha Planet的上古神器再次被封印了起来。

"对于你们破坏秘密基地公共设施，违规使用源码之剑的行为，高阶黑客管理局决定不予追究。"A.H.A.首席执行官宣布，"另外，鉴于你在抓捕林克行动中的英勇表现，A.H.A.决定授予你见习特工的身份。你将获得一套自己的黑色特工套装，还有内置在光脑系统中的个人通信频道。想要进阶为正式特工甚至高级特工，你还要付出更多的努力。"

"真的吗？太酷了！"啊哈沃德高兴得跳了起来。自己日复一日的努力终于得到了认可，没有什么比这更令人有成就感了。当然，他心中明白，自己和正式特工还有很大差距。他想起被送进监狱的高级人工智能林克，他那强大的源码之力从何而来？他声称自己为星球所做的一切指的又是什么？Aha Planet中隐藏着太多的秘密，只能留到以后再慢慢探索了。

想到这，啊哈沃德打了个呵欠。现在，拯救Aha Planet的英雄只想重返现实世界，钻进自己柔软的被窝，好好地睡上一觉……

未完待续……